ÉTUDE

SUR

LE RÉGIME DES EAUX

DU BASSIN DE LA SEINE

PENDANT

LES CRUES DU MOIS DE SEPTEMBRE 1866

PAR

M. E. BELGRAND,
INSPECTEUR GÉNÉRAL,

ET

M. G. LEMOINE,
INGÉNIEUR ORDINAIRE DES PONTS ET CHAUSSÉES

PARIS
DUNOD, ÉDITEUR,
SUCCESSEUR DE Vve DALMONT,
Précédemment Carilian-Gœury et Victor-Dalmont,
LIBRAIRE DES CORPS IMPÉRIAUX DES PONTS ET CHAUSSÉES ET DES MINES,
Quai des Augustins, 49.

1868

Paris. — Imprimerie de Cusset et Ce, rue Racine, 26.

ÉTUDE

SUR

LE RÉGIME DES EAUX

DU BASSIN DE LA SEINE

PENDANT

LES CRUES DU MOIS DE SEPTEMBRE 1866

Vers la fin du mois de septembre 1866, une grande partie de la France a été désolée par les inondations. Le bassin de la Loire a été le plus atteint. Par suite de sa constitution particulière, le bassin de la Seine a eu en moyenne moins à souffrir; cependant sur plusieurs points les pertes éprouvées y ont été considérables.

Nous croyons qu'il y a une importance réelle à ce que les grandes inondations qui ravagent si souvent notre pays soient étudiées d'une manière précise et détaillée. Les observations faites dans ces circonstances doivent ne pas tomber dans l'oubli, car elles peuvent avoir leur utilité lorsque des phénomènes analogues viennent à se reproduire. C'est pour ces motifs que nous avons cherché à résumer ici les documents recueillis par le service hydrométrique du bassin de la Seine pendant les grandes inondations de 1866.

§ I. — Hauteurs atteintes par les différents cours d'eau.

Caractères généraux de la crue de la Seine à Paris. — Ce serait se tromper gravement que de juger de ce qu'ont été les crues des parties supérieures du bassin de la Seine par la hauteur que ce fleuve a atteinte à Paris. Son élévation y a été d'autant plus remarquée que la saison où elle s'est produite est généralement celle des plus basses eaux. Mais on exagérerait les proportions du phénomène si l'on y voyait pour la partie inférieure du bassin une véritable crue extraordinaire ; la Seine a éprouvé et peut éprouver encore des débordements bien autrement considérables ; en réalité, la crue du 29 septembre, à Paris, doit être considérée seulement comme une très-grande crue ordinaire. Elle a atteint, en effet, au pont de la Tournelle, la cote $5^{m}.21$, et au pont Royal la cote $6^{m}.20$.

Or, depuis 1732 on ne compte pas moins de trente-huit crues qui aient dépassé cette hauteur.

Crues de la Seine, à Paris, ayant dépassé $5^{m}.21$ *au pont de la Tournelle, depuis* 1732 *jusqu'à* 1866.

DATES DES CRUES.		HAUTEURS à l'échelle du pont de la Tournelle	DATES DES CRUES.		HAUTEURS à l'échelle du pont de la Tournelle.
		mètres.			mètres.
1735	2 février.	5.58	1802	3 janvier.	7,45
1740	26 décembre. . . .	7.90	1806	17 janvier.	5.89
1747	1er mars.	5.55	1806	25 mars.	5.57
1749	17 février.	5.65	1807	3 mars.	6.70
1751	23 mars.	6.87	1811	20 février.	5.34
1751	18 avril.	5.90	1816	22 décembre. . . .	5.48
1756	20 janvier.	5.31	1817	13 mars.	6.30
1760	5 février.	5.85	1819	28 décembre. . . .	5.69
1764	9 février.	6.90	1820	20 janvier.	5.59
1768	15 janvier.	5.36	1830	26 janvier.	5.70
1770	1er janvier.	5.68	1836	8 mai.	5.62
1770	25 janvier.	5.39	1836	16-17 décembre. . .	6.40
1770	29 novembre. . . .	5.36	1844	5 mars.	5.80
1774	2 février.	5.36	1845	26-27 décembre. . .	5.45
1774	4 mars.	5.52	1848	26 avril.	5.65
1783	10 mars.	5.55	1850	8 février.	6.05
1784	3-4 mars.	6.66	1852	25 janvier.	5.25
1795	31 janvier.	5.36	1861	5 janvier.	5.60
1799	7 février.	6.97	1866	29 septembre. . . .	5.21

Le même phénomène météorologique qui n'a donné pour la Seine à Paris qu'une très-grande crue ordinaire, a produit sur la Loire une crue extraordinaire, puisqu'à Blois les deux inondations de 1856 et de 1866 sont montées à peu près à la même hauteur. Ainsi, malgré la longue période d'humidité qui a précédé la crue, malgré l'énorme pluie qui lui a donné naissance, s'est trouvée confirmée cette grande loi naturelle d'après laquelle la Seine, à Paris, n'éprouve des crues tout à fait extraordinaires que pendant les mois d'hiver. La Loire, au contraire, où la proportion des terrains imperméables est bien plus considérable peut, par un phénomène météorologique isolé, atteindre ses plus grandes hauteurs dans toutes les saisons de l'année.

Cette différence essentielle entre les deux bassins est entièrement confirmée par les souvenirs historiques, que M. Maurice Champion a si bien résumés (*). Ce n'est pas seulement en 1866 que la Loire, à l'époque ordinaire des sécheresses, a éprouvé une crue atteignant, même en aval, les plus grandes hauteurs observées. En 1586, à la fin de septembre, une crue tout à fait extraordinaire désolait Tours et Angers. La grande crue de 1707 avait lieu au commencement d'octobre; celle de 1846 avait son maximum à Tours dès le 22 octobre.

Au contraire, parmi les crues si nombreuses de la Seine. à Paris, citées par M. Champion, on n'en trouve *pas une seule* qui appartienne aux mois d'août, de septembre ou d'octobre.

Quoique moins formidable que la crue de la Loire, la crue de la Seine, en 1866, n'en est pas moins très-remarquable. La saison où elle a eu lieu et la simplicité du phénomène simultané qui l'a produite lui impriment un double caractère qui rend son étude toute particulièrement instructive.

1° Alimentée surtout par les sources des terrains perméables qui forment les trois quarts de l'étendue de son

---

(*) Les *Inondations en France*, 5 vol. in-8.

bassin, la Seine suit en moyenne le régime de ces sources et a la même période de basses eaux. Les hautes crues d'été y sont rares; les mois d'août et de septembre sont presque toujours ceux où la rivière atteint et conserve son plus bas niveau. Il faut des circonstances tout à fait exceptionnelles pour qu'il en soit autrement. Depuis le temps où l'on a des observations précises et continues, 1816 paraît être la seule année qui puisse se comparer à 1866. C'est ce dont on peut juger facilement en comparant les hauteurs des pluies d'été de ces deux années à celles d'une année moyenne.

	1816.	1866.	Année moyenne.
Juin.	54 mill.	56 mill.	48 mill.
Juillet.	97 —	87 —	39 —
Août.	51 —	80 —	42 —
Septembre.	63 —	83 —	44 —
Moyenne des 4 mois.	66 mill.	76 mill.	43 mill.

En 1816, comme en 1866, ces pluies d'été si nombreuses ont donné à la Seine, pendant cette période, une hauteur moyenne tout à fait inusitée. On a eu en 1816, de même qu'en 1866, une crue en septembre, mais elle est montée à 2m.92 seulement. La hauteur de 5m.21 atteinte au pont de la Tournelle par la crue de 1866 est incomparablement la plus haute de toutes celles qui ont été observées depuis l'année 1732 entre le 1er juin et le 15 octobre.

On en jugera par le tableau suivant où ont été résumées toutes les crues ayant dépassé une hauteur de 2m.50 entre le 1er juin et le 15 octobre.

Crues de la Seine, à Paris, ayant dépassé 2m.50 au pont de la Tournelle, entre le 1er juin et le 15 octobre, depuis 1732 jusqu'à 1866.

DATES DES CRUES.		HAUTEURS à l'échelle du pont de la Tournelle.	DATES DES CRUES.		HAUTEURS à l'échelle du pont de la Tournelle.
	XVIIIe SIÈCLE.	mètres.		XIXe SIÈCLE.	mètres.
1734	15 juillet.	2.63	1816	21 juin.	2.50
1750	6 juin.	2.84	1816	16 juillet.	3.59
1751	1er juin.	2.92	1816	20 juillet.	3.59
1754	12 juin.	2.52	1816	12-13 septembre. . .	2.92
1757	13 juin.	3.95	1829	20-25 septembre. . .	2.51
1758	3-4 août.	3.14	1829	12 octobre.	2.80
1783	2 juin.	2.54	1836	13 octobre.	3.20
1789	13 octobre. . . .	2.60	1854	21-22 juin.	2.90
1797	5 juillet.	2.97	1856	4 juin.	4.10
			1856	8 juin.	3.70
			1860	18-19 octobre. . . .	2.58
			1866	29 septembre. . . .	5.21

Dans ce tableau, qui se rapporte à une période de 135 années, on ne trouve qu'une *seule* crue comprise entre le 1er juin et le 15 octobre, qui ait atteint au pont de la Tournelle la cote de 4 mètres, c'est celle du 4 juin 1856; les deux seules crues de septembre, celles de 1816 et de 1829, n'ont atteint que les cotes 2m.92 et 2m.51. On voit combien l'arrivée de l'équinoxe d'automne a peu d'influence immédiate sur les hauteurs de la Seine, à Paris. Aussi, on peut dire qu'eu égard au mois où elle s'est produite la crue du 29 septembre est un fait presque inouï qu'on ne reverra peut-être pas d'ici à plusieurs siècles.

2° Une autre particularité non moins remarquable de la crue du 29 septembre 1866, c'est d'avoir été produite par une seule crue des affluents. Non-seulement les débordements extraordinaires, mais même les grandes crues ordinaires de la Seine, à Paris, sont dus le plus souvent à une succession de crues des affluents, dont chacune arrive avant que la précédente ait cessé de faire sentir ses effets dans la partie inférieure du fleuve. On conçoit que dans ces conditions une succession de causes de médiocre importance puisse produire, à Paris, des effets désastreux ; il faut, au contraire, un phénomène météorologique très-général, très-intense, et par conséquent très-rare, pour que d'un seul coup la Seine s'y élève à la hauteur observée au mois de septembre dernier. On en jugera par le tableau des crues qui, depuis 1732, ont dans l'un quelconque des mois de l'année été produites par une montée supérieure à 4 mètres, la Seine ayant éprouvé cette élévation seulement en trois ou quatre jours environ ; en raison de la simultanéité des oscillations des divers affluents et d'après une règle établie par de nombreuses observations, cette durée de la hausse, à Paris, correspond à l'arrivée d'une seule crue des cours d'eau supérieurs du bassin de la Seine.

Crues de la Seine, où la montée, produite par une seule crue générale des affluents, a dépassé 4 mètres.

ÉPOQUES DES CRUES.	MONTÉE totale.	HAUTEUR à l'échelle du pont de la Tournelle.	OBSERVATIONS.
	mètres.	mètres.	
Du 23 au 28 fév. 1784.	4.55	6.15	La Seine qui ne marquait que $0^m.78$ le 23 février, était, dès le 25, à la cote $4^m.22$, et, le 28, à la cote $6^m.15$. Peu de jours après, un nouveau phénomène météorologique amena la cote $6^m.15$.
Du 30 au 31 janv. 1795.	4.20	5.36	Débâcle ; la rivière était restée gelée du 26 décembre au 30 janvier.
Du 25 au 26 janv. 1830.	4.50	5,70	Débâcle ; la rivière était restée gelée du 29 décembre au 25 janvier.
Du 4 au 8 mai 1836.	4.20	5.62	Le 4 mai, la Seine ne marquait depuis plusieurs jours que $1^m.50$; le 5 mai, elle atteignait la cote $4^m.90$; le 6, la cote $3^m.20$; le 7, la cote $4^m.75$ et enfin le 8 mai, le maximum $5^m.62$.
Du 23 au 29 sept. 1866.	4.60	5.20	

Les crues provenant de débâcles ne peuvent, sous aucun rapport, être comparées aux trois autres crues du tableau. Parmi ces dernières, celle qui, sauf la saison, offre le plus d'analogie avec la crue de 1866 est celle de 1836 ; en même temps qu'elle, ont eu lieu de grandes inondations de la Loire.

Quoique la crue de 1866, à Paris, ait atteint un niveau inférieur de $0^{m}.40$ à celle de 1836, on peut remarquer qu'elle était en réalité au moins aussi forte, et que la différence tient simplement à la faiblesse du niveau d'où est partie la dernière crue; les montées ont été en effet, en 1836, de $4^{m}.20$ seulement, et, en 1866, de $4^{m}.60$. Si nous rappelons en outre que, dans la première de ces années, le bassin de la Marne avait éprouvé une crue extraordinaire et que, dans la dernière, il n'a eu qu'une crue moyenne, on pourra dès lors prévoir toute l'intensité des phénomènes météorologiques qui ont amené les débordements de 1866.

Nous allons voir, en effet, que sur plusieurs points du bassin de la Seine, et notamment sur les affluents de l'Yonne, les inondations, de même que celles de la Loire, ont atteint, sinon dépassé, tout ce qu'on avait vu jusqu'ici.

Crues des divers affluents de la Seine. — Les pluies qui ont donné lieu aux crues du mois de septembre 1866, se sont fait sentir sur toute l'étendue du bassin de la Seine, mais leur inégale intensité et les différences de constitution géologique des terrains ont fait varier notablement leurs effets.

1° En aval de Paris, on n'a eu à regretter aucune espèce de dégâts. Les divers cours d'eau ne se sont presque pas sentis des pluies. Auprès de Paris, Bercy, Ivry et plusieurs autres pays ont été inondés, mais la ville elle-même n'a pas sensiblement souffert.

2° Situés presque aux portes de Paris, les deux bassins secondaires du Loing et des cours d'eaux de la Brie, qui tous deux contiennent d'assez grandes étendues de terrains imperméables, ne participent souvent que faiblement aux grandes crues des affluents supérieurs de la Seine; en 1856, par exemple, le Grand-Morin ne s'est presque pas senti des grandes crues du mois de mai, et le Loing lui-même n'a eu, à cette époque, qu'une crue assez ordinaire. En 1866, au contraire, le Grand-Morin a atteint, à Couilly, dès le 24 septembre, un maximum de 2m.85, hauteur déjà peu ordinaire, puisque depuis 1854 on ne compte que les quatre crues suivantes qui aient dépassé 2m.50 :

	mèt.
28 décembre 1860.	2.56
28 février 1860.	2.86
1er janvier 1861.	2.50
24 septembre 1866.	2.85

De même, le torrent qui passe près de la source de la Dhuis a éprouvé une crue qui a dépassé, dit-on, toutes celles qui avaient eu lieu depuis 1837. On peut donc dire que tous les torrents de la Brie ont participé aux phénomènes météorologiques qui ont marqué la fin de septembre 1866.

Dans le bassin du Loing, les effets des pluies ont été encore plus importants. Dès le 23 septembre, l'Ouanne, à Toucy, atteignait un maximum de 3m.32 au-dessus de l'étiage ; les seules crues qui, depuis 1854, aient dépassé 3 mètres, sont :

	mèt.
Celle du 27 janvier 1860, qui a atteint. . . .	3.14
Et celle du 20 mars 1866.	3.04

Sur le Loing, de même qu'en 1836 et en 1850, le hameau de Varennes et le village de Soupes ont été inondés ; le 24 septembre, à onze heures du soir, plus de soixante maisons ont eu jusqu'à 1m.20 d'eau dans les rez-de-chaussée. A Toucy, à Nemours, et à Montargis, les quartiers bas ont été inondés.

3° Le bassin de l'Yonne est celui où les inondations de 1866 rappellent le plus par leur intensité celles de la vallée de la Loire ; elles y ont occasionné des pertes très-sérieuses, qui eussent été bien autrement considérables si le phénomène s'était produit avant les récoltes. Comme hauteur, les crues du bassin de l'Yonne ne le cèdent ni à celles de 1856, ni même à celles de 1836. Elles ont eu le caractère de crues extraordinaires dans toute l'étendue du bassin sans exception. Ce fait mérite d'être remarqué, car il n'est pas sans exemple qu'une crue extraordinaire de l'Yonne ne corresponde qu'à une crue moyenne de l'Armançon ou inversement. Cette particularité a fait que les grandes hauteurs observées à la partie supérieure du bassin se sont soutenues jusqu'en aval.

L'Yonne, à Clamecy, a atteint un maximum de 3^{m}.15 le 25 septembre vers midi ; elle a surpassé ainsi les deux crues des 11 et 13 mai 1856, dont les hauteurs étaient seulement de 2^{m}.70 et 2^{m}.60. La Cure et le Cousin, soumis aux mêmes influences atmosphériques que l'Yonne, ont éprouvé des crues non moins remarquables. Le Cousin, à Avallon, a atteint 0^{m}.20 au-dessus de la hauteur de 1856 ; la Cure, à Saint-Père, 0^{m}.15 au-dessous, mais leur réunion a donné, à Arcy-sur-Cure, un niveau supérieur à celui de 1856 et inférieur de 0^{m}.50 seulement à celui de mai 1836. A Arcy, plus de cent-cinquante maisons ont été inondées ; le niveau des eaux a surpassé celui de 1856 et n'a été inférieur que de 0^{m}.50 a celui de mai 1836.

En aval d'Auxerre, la rencontre des crues énormes du Serein et de l'Armançon a soutenu l'Yonne à un niveau très-élevé dans tout son parcours. Aussi, dans toute la vallée, les inondations ont été considérables. Les villages de Bonnard et d'Épineau ont eu extrêmement à souffrir, à cause du voisinage des remblais du chemin de fer, qui surélevaient les eaux. En aval de Joigny notamment, les plaines ont été complétement submergées. Entre Sens et Montereau, le pont en fer de Misy a été emporté dans la nuit du 26 au 27 septembre. MM. les ingénieurs du canal du Nivernais et de la navigation de l'Yonne ont bien voulu nous transmettre l'évaluation suivante des avaries à réparer sur ces deux voies navigables; cet exemple particulier peut faire juger de l'étendue des pertes générales :

Dans le département de la Nièvre.	126 000 fr.
— de l'Yonne.	67 000
— de Seine-et-Marne.	4 000
Total pour les travaux du canal du Nivernais et de l'Yonne navigable.	197 000 fr.

Dans les vallées du Serein et de l'Armançon, l'inondation semble avoir été relativement encore plus forte que dans celle de l'Yonne. Dans le département de la Côte-d'Or, la crue du Serein a atteint son maximum le 24 septembre dans l'après-midi; elle a dépassé de 0m.60 la crue de 1857; deux ponts ont été détruits; plusieurs villages ont eu leurs parties basses inondées. Il en a été de même dans le département de l'Yonne, où la petite ville de Noyers a eu tout particulièrement à souffrir; le 25, à onze heures du matin, la rivière atteignait son maximum à Chablis. En moyenne, la crue semble avoir dépassé de 0m.50 celle de 1856 et de 0m.40 celle de 1836.

L'Armançon, plus que toute autre rivière, a éprouvé une crue considérable; de même que pour le Serein, sa hauteur a dépassé non-seulement celle de 1856, mais même celle de 1836; elle a été en moyenne supérieure de 0m.40 à 0m.50 à cette dernière. Il est probable que pour trouver une crue supérieure, il faudrait remonter jusqu'à celle de juillet 1613, qui renversa cinquante maisons à Semur. L'affluent principal de l'Armançon, la Brenne, est entrée en crue en même temps que lui, et vers trois heures et demie du soir, le 24 septembre, elle dépassait, à Montbard, d'environ 1m.50 la hauteur de 1856. A Semur, l'élévation totale des eaux de l'Armançon a dépassé 5 mètres; la rivière, commençant à monter dès le 23 au soir, est sortie de son lit vers minuit et a atteint vers midi un maximum supérieur de 0m.20 à celui de 1856. A Aisy, la hauteur observée au-dessus de l'étiage a été de 3m.75 (le 24 septembre, vers six heures du soir) ; la crue du 12 mai 1856 n'avait atteint que 3m,12. Dans plusieurs points de la vallée de l'Armançon, à Semur notamment, ces hauteurs extraordinaires ont produit jusqu'à des désastres. Les parties basses des villes de Montbard et de Tonnerre ont été inondées ; le village des Laumes a été envahi par la rivière d'Oze (le 24 septembre, à dix heures du soir). Le pont de Lezines, sur lequel la route impériale de Paris à Genève traverse l'Armançon, a été emporté par suite d'une insuffisance de débouché, malgré les 7 mètres d'ouverture de chacune de ses huit arches ; l'ouvrage a succombé par sa tête amont.

Plusieurs des rivières du département de la Côte-d'Or sont alimentées par des eaux issues de terrains perméables et auraient dû, ce semble, éprouver ainsi des crues relativement moins fortes que les rivières ayant, comme l'Armançon, leurs versants imperméables. Mais depuis le milieu du mois de juillet, et surtout dans le mois de septembre, les pluies avaient tellement imbibé le sol que les énormes pluies tombées les 23 et 24 septembre, en moins de quarante-huit heures, déterminèrent bientôt le gonflement des sources ; ainsi, à Tonnerre, la Fosse-Yonne alimentée par une vaste nappe souterraine située sous les formations oolithiques supérieures entrait en crue en même temps qu'arrivait le flot de l'Armançon. En outre, dans le département de la Côte-d'Or, les terrains perméables de la grande oolithe offrent à peu de profondeur une couche seulement à demi-perméable, la terre à foulon ; dans des pluies très-intenses, les cours d'eau tels que la haute Seine prennent ainsi un caractère mixte qui leur fait produire de fortes inondations. A Châtillon-sur-Seine, dès le 25 au matin, la Seine pénétrait dans les rues et s'y élevait à plus d'un mètre de hauteur ; elle atteignait, à dix heures du soir, à l'échelle du jardin de l'hôtel de ville, un maximum de 2m.10 au-dessus de l'étiage, cote sensiblement égale à celle de 1836, où a eu lieu la plus forte crue connue à Châtillon; les eaux ne descendirent que lentement; ce ne fut que le 27 septembre que les rues de l'Isle et des Ponts furent enfin dégagées. Il n'est pas sans intérêt de remarquer qu'en 1856 la Seine n'avait que très-faiblement participé aux crues des autres rivières du département de la Côte-d'Or; à Gomméville, elle n'était montée que de la cote 0m.69 à la cote 0m.95, c'est-à-dire de 0m.26; en 1866, à la même station, elle est montée de 0m.45 à 1m.82, c'est-à-dire de 1m.37.

L'Ource et l'Aube issues, comme la Seine, dans le département de la Côte-d'Or, de terrains perméables, ont éprouvé également des crues considérables; ces crues ont été d'environ vingt-quatre heures en retard sur celle de la Seine; elles se sont, comme elle, retirées très-lentement. L'Ource a atteint sensiblement la même hauteur qu'en 1836; l'Aube, une hauteur moindre d'environ 0m.20.

La Barse et la Voire qui, dans le département de l'Aube, sortent de cette bande de terrains imperméables qu'on a comparés au talus extérieur des fortifications naturelles de Paris, ont également eu leurs crues. La Barse, à la Guillotière, a atteint la cote 1m.68; la Voire, à Rosnay, la cote 1m.72: ces nombres sont les plus grands qui eussent été observés sur ces petites rivières depuis 1856.

4° Nous arrivons maintenant à la seconde moitié de la partie supérieure du bassin de la Seine, celle qui comprend le bassin de la Marne auquel nous rattacherons ceux de l'Aisne et de l'Oise. Les mêmes influences météorologiques s'y retrouvent, mais considérablement affaiblies; la Marne et les cours d'eau qui prennent leur source dans le même pays qu'elle n'ont éprouvé en quelque sorte que le contre-coup du phénomène qui s'est manifesté si intense dans les bassins de l'Yonne et de la Loire. En 1856, la différence avait été encore plus marquée. Cette distinction des deux bassins secondaires, plusieurs fois signalée, a reçu ainsi une nouvelle confirmation.

La Marne, au sortir de terrains imperméables et à quelques lieues seulement de l'Aube, n'a éprouvé, à Chaumont, qu'une simple crue moyenne; la hauteur de 1m.12 qu'elle a atteint le 25 septembre n'a rien d'extraordinaire, puisque depuis 1854, on ne compte pas moins de vingt crues qui aient atteint ou dépassé un mètre au-dessus de l'étiage; on peut remarquer que cette hauteur maximum a eu lieu environ un jour plus tard que celle du Cousin ou de l'Armançon. Les terrains imperméables situés derrière Saint-Dizier n'ont pas donné plus d'eau que les précédents; la Marne y a atteint 3m.15, hauteur qui, depuis 1854, n'a pas été moins de neuf fois dépassée; aussi les renseignements qu'ont bien voulu nous fournir MM. les ingénieurs en chef ne mentionnent dans la Haute-Marne presque aucun dégât; tout s'est borné à la perte de la deuxième récolte des prairies inondées.

Les mêmes remarques s'appliquent à l'Aisne; le 25 septembre, à minuit, cette rivière atteignait, à Sainte-Menehould, la cote 1m.25, mais cette hauteur a été dépassée à quatorze reprises depuis 1854; elle n'a donc rien de véritablement extraordinaire; aussi, sur l'Aisne et les canaux qui s'y rattachent, la navigation n'a pas été interrompue un seul jour. L'Oise n'a pas eu beaucoup plus à souffrir; les eaux n'ont quitté leur lit d'une manière bien marquée qu'entre Chauny et le bac de Bellerive; à partir de Joinville, la navigation n'a pas même été interrompue.

Nous ne devons pas quitter le bassin de la Marne sans faire remarquer combien les pluies de la fin de septembre ont eu peu d'influence sur les cours d'eau propres aux terrains si perméables de la Champagne; le niveau de la Somme-Soude, à Conflans, n'est monté que de la cote 0m.90 à la cote 1m.16, quoique cette localité ait reçu des pluies énormes eu égard à son régime habituel.

Aperçus généraux en dehors du bassin de la Seine. — Les renseignements que plusieurs ingénieurs ont bien voulu nous communiquer nous permettent de compléter ce qui précède par l'examen rapide de ce qui s'est passé en dehors du bassin de la Seine.

Tous les pays qui, derrière les sources de l'Armançon et de l'Yonne se rattachent au bassin de la Loire ont souffert très-fortement des inondations. La Bourbince a fait d'effroyables ravages à Monceau-les-Mines, et ses eaux seraient entrées dans les mines, si l'on n'avait improvisé une digue à l'entrée. Près d'Autun, un pont situé sur l'Arroux a été renversé.

Tout le monde sait que c'est dans les bassins de la Loire et de l'Allier que les inondations de 1866 ont été les plus terribles. Dans la Haute-Loire (Pl. 172, *fig.* 5), la crue a dépassé de 2 à 3 mètres, celle de 1856. On a estimé à 7.500.000 fr. le total des pertes subies par le département de la Haute-Loire (*). Une grande partie du bassin de la Garonne a été atteinte par les inondations. Les crues de la Lozère, du Lot, de la Dordogne ont causé les plus grands dommages; la crue de la Dordogne a été plus forte qu'aucune de celles dont on ait gardé le souvenir.

Le bassin du Rhône a presque complétement échappé à l'invasion du fléau : cependant en Savoie, dans la vallée qui conduit au Mont-Cenis, l'Arc a éprouvé une crue plus haute que toutes celles dont on ait gardé le souvenir. En Suisse, au-dessus du lac de Genève, le Rhône a débordé le 28 septembre et a dévasté les environs de Sion. A Altorf, la Reuss a débordé le 24.

Le bassin de la Saône n'a presque pas été atteint : les affluents qui descendent du Jura n'ont pas éprouvé de hausse notable. Il n'en a pas été de même des affluents de

(*) *Étude sur l'inondation du 24 septembre 1866 dans la Haute-Loire*, par M. de Brive.

la rive droite de la Saône : les crues n'ont pas été brusquement éteintes par la ligne de partage du bassin de la Seine, mais elles ne se sont propagées au delà de cette ligne que dans une zone peu étendue. L'Ouche a débordé à Dijon d'une façon extraordinaire : la Grosne a dépassé toutes les crues connues : la côte de Beaune a eu à souffrir des eaux. Le débit de ces divers affluents a fait monter la Saône à Châlon de 1m.35, mais elle n'a pas débordé ; du 24 au 27 septembre elle n'est montée que de 0m.90.

Arrivons maintenant aux pays situés à l'est du bassin de la Seine.

Dans la zone qui est immédiatement au delà des versants de l'Oise et de la Marne, nous ne connaissons que la Sambre qui ait débordé : elle a éprouvé une forte crue, mais les dégâts se sont bornés à la perte des regains dans les prairies. L'Escaut, loin de produire des inondations, n'a éprouvé aucun mouvement remarquable.

La crue de la Meuse a été assez forte, mais en Alsace, il n'a presque pas plu.

Dans les cours d'eau de l'Allemagne du Nord, on retrouve d'abord les traces du phénomène qui s'est passé en France, mais elles disparaissent complétement à mesure qu'on s'avance vers l'est. Du 20 au 30 septembre, la Moselle à Trèves monte de 1 mètre. Le Weser, l'Elbe et l'Oder n'éprouvent à peu près aucun mouvement.

Cette comparaison des différents cours d'eau du versant septentrional de l'Europe apparaîtra nettement dans son ensemble par l'examen de la *fig.* 7 de la planche 172 où se trouvent traduites en courbes un certain nombre d'observations hydrométriques françaises et allemandes.

En résumé, si l'on considère principalement le bassin de la Seine, on voit que c'est le bassin secondaire de l'Yonne joint à celui de la Haute-Seine, qui dans toute son étendue a eu à supporter des pertes sérieuses par suite de crues réellement extraordinaires : le bassin de la Marne a éprouvé à peine de fortes crues moyennes. L'influence des pluies dont cette dernière contrée n'a subi que le contre-coup s'affaiblit de plus en plus à mesure qu'on va au delà. Derrière le bassin de l'Yonne, le phénomène ne s'est pas terminé à la ligne de partage : il se retrouve au delà de cette ligne dans le département de la Côte-d'Or, mais seulement dans une zone très-peu étendue. En allant plus loin à l'ouest, la continuité est encore plus manifeste, car dans tout ce qui dépend de la vallée de la Loire (*), l'élévation des cours d'eau a atteint les dernières limites. Une grande partie du bassin de la Garonne n'a pas été épargnée.

Caractères spéciaux et mode de progression des différentes crues (Pl. 172, *fig.* 1, 2, 3, 4, 6). — On vient de voir toute a généralité et la continuité de l'élévation des différents cours d'eau du bassin de la Seine. Les caractères spéciaux de chacun d'eux méritent aussi quelque attention.

Si l'on considère d'abord les petits cours d'eau assez près de leur origine pour que chaque bassin soit homogène dans sa constitution géologique, on retrouve avant tout l'influence des terrains perméables et imperméables. Cette distinction, fondamentale dans toutes les questions d'inondations (**) se manifeste avec une grande netteté dans toutes les observations faites sur les crues de septembre 1866. Le commencement de la crue et surtout le maximum de hauteur des cours d'eau à versants perméables ont eu lieu, dans une même région, très-notablement après ceux des cours d'eau à versants imperméables : ces derniers ont eu des crues très-courtes, les autres des crues extrêmement longues. La Seine, à Châtillon, s'est élevée dans la nuit du 24 au 25 et a atteint son maximum le 25 à dix heures

(*) On doit remarquer cependant que près de Saint-Étienne le Furens n'a pas débordé.

(**) *Annales des ponts et chaussées :* année 1846, 2e semestre, page 129. — Année 1852, 1er semestre, page 1. — Année 1857, 1er semestre.

du soir; au contraire, dès le 24 au soir, l'Armançon, à Aisy, était à son maximum.

On se rend compte surtout de ces différences en examinant les courbes des hauteurs observées de six heures en six heures sur divers cours d'eau, pris chacun à peu de distance de leur origine. Les cours d'eau à versants imperméables, tels que le Cousin, l'Armançon, l'Ouanne, s'élèvent avec une extrême rapidité. La haute Seine, par suite de la demi-perméabilité des marnes de la terre à foulon et des terrains oxfordiens, présente un caractère mixte. La Somme-Soude, située au milieu d'un terrain complétement perméable, s'élève avec une extrême lenteur et d'une quantité extrêmement faible (voir Pl. 172, *fig.* 2), mais sa crue est d'une très-longue durée.

Les affluents à versants imperméables ont eu leurs crues très-troubles, ainsi que cela arrive toujours à cause de la rapidité d'entraînement des eaux torrentielles. Le temps pendant lequel ces eaux sont restées sales a été, comme d'habitude, très-variable selon la nature des terrains. Les sols imperméables d'argile ou de granite présentent nécessairement, sous ce rapport, de grandes différences. Ainsi :

A Avallon, les eaux du Cousin ont été troubles les 23, 24, 25, et louches les 26, 27 et 28 septembre.

A Aisy, les eaux de l'Armançon, troubles les 23, 24, 25, 26, 27, 28, 29, 30 septembre.

A Couilly, les eaux du Grand-Morin, troubles les 23, 24, 25, 26, 27, 28, 29, et louches le 30 septembre.

Les eaux des affluents à versants perméables de la Côte-d'Or, quoique ayant des crues assez élevées et de longue durée, n'ont été troubles que pendant deux ou trois jours et sont devenues parfaitement limpides. Les crues de ces cours d'eau étaient produites, on va le faire voir, par des sources éphémères qui jaillissaient au fond de vallées habituellement sèches.

Nous venons de caractériser les crues à l'origine des principaux cours d'eau : nous devons maintenant les suivre dans leur mouvement de propagation, et examiner comment les crues des affluents élémentaires se sont combinées pour former celles des cours d'eau principaux. Ce qui a été produit par un phénomène aussi général que celui de 1866 peut, en effet, donner d'utiles renseignements pour les cas analogues.

La figure 4 montre la loi de variations des hauteurs de l'Yonne à Clamecy, Mailly-la-Ville, Cravant, Auxerre et Sens. En comparant les courbes de l'Yonne à Mailly-la-Ville et Cravant, à celles du Cousin à Avallon et de la Cure à Arcy, on reconnaît que les maxima de ces deux affluents sont arrivés à Cravant environ douze heures avant celui de l'Yonne; il en est presque toujours ainsi, comme on l'a montré dans des publications antérieures. Cette particularité, due à la différence de longueur de l'Yonne avec le Cousin ou la Cure, rend la hauteur à l'aval bien moins grande qu'elle ne le serait si les crues arrivaient en même temps.

Nous n'avons pas de renseignements précis sur les heures d'arrivée des crues du Serain et de l'Armançon dans l'Yonne; il paraît seulement que les eaux des deux affluents sont arrivées à peu près au même moment que la crue de la rivière principale. Cette concordance mérite d'être remarquée à cause de la simultanéité des pluies torrentielles dans tout le bassin de l'Yonne.

A Auxerre, à Sens et à Montereau, la rivière n'est pas montée avec une continuité absolument parfaite; le niveau s'élève d'abord par suite des tributs des affluents torrentiels issus du pays lui-même, puis la crue de la partie supérieure du bassin arrive et produit la montée définitive, en faisant cesser l'espèce d'hésitation que semblait éprouver le phénomène.

Le maximum de la crue s'est propagé sur l'Armançon

avec une vitesse de 4 à 5 kilomètres à l'heure : sur l'Yonne, entre Sens et Montereau, avec une vitesse de 1k.7. On voit combien la rapidité de propagation du flot va en diminuant à mesure qu'on s'éloigne de la source.

La forme de la crue de la Somme-Soude à Conflans, de l'Ource à Autricourt, de la petite Seine à Bray et à Gomméville, fait voir la lenteur de l'élévation des cours d'eau à versants perméables. En même temps, apparaissent les différences locales propres à chaque bassin secondaire : la haute Seine qui, au-dessus de Gomméville, renferme dans la partie supérieure de son bassin des lambeaux assez étendus de terrains imperméables (lias), affecte dans sa montée une sorte de caractère mixte (*fig.* 3).

A Chaumont et à Saint-Dizier, la Marne a les allures d'un cours d'eau à versants imperméables. A la Chaussée, à 36 kilomètres de Saint-Dizier, l'influence modératrice des terrains perméables apparaît et ralentit extrêmement la période de descente de la crue. A Meaux et à Chalifert, un double phénomène se produit : la rivière monte d'abord, puis redescend assez vite, comme dans un cours d'eau à versants imperméables ; ce sont les affluents torrentiels de la Brie, le Grand et le Petit-Morin qui s'écoulent ; en pleine période de descente, la crue de la partie supérieure arrive et présente les caractères habituels aux cours d'eau qui ont traversé les terrains perméables de la Champagne (*fig.* 2).

A Paris, une particularité très-remarquable s'est produite, analogue à celle que vient de nous présenter la Marne à Meaux et à Chalifert. Dès le 23 au soir, la Seine s'élève d'une manière continue jusqu'au 26 vers neuf heures du matin (*fig.* 6). A partir de ce moment, il y a baisse d'environ 0m.70 jusqu'au 27 au matin, à tel point qu'il semble permis d'espérer que la crue annoncée ne se réalisera pas ; mais, dès le 27, les eaux des parties supérieures du bassin arrivent emportant avec elles tous les débris des campagnes ravagées, et le 29 septembre au matin la crue atteint au pont Royal son maximum de $6^m,20$. Le temps d'arrêt subi du 26 au 27 était dû, sans aucun doute, à l'écoulement des eaux torrentielles du bassin du Loing et de la Brie qui avaient amené un premier maximum avant que les eaux de l'Yonne n'eussent eu le temps d'arriver pour produire le maximum principal. Ce phénomène n'est pas sans exemple, mais il est assez rare parce qu'il n'arrive pas toujours que les cours d'eau de la Brie et du bassin du Loing éprouvent des crues extraordinaires en même temps que les affluents supérieurs de l'Yonne. L'irrégularité de la montée de la Seine s'efface naturellement à mesure qu'on descend de Paris vers la mer (*fig.* 6).

Détails sur les crues observées en Bourgogne et sur la production des sources éphémères. — Pour compléter les indications qui précèdent, nous y ajouterons les observations détaillées faites par l'un de nous, qui à la fin du mois de septembre se trouvait à Guillon, pays situé sur les bords du Serein, dans le département de l'Yonne.

Le bassin du Serein est entièrement imperméable en amont de Guillon; nous avons pu étudier, le 26 septembre, les terrains calcaires jurassiques perméables qui s'étendent entre les vallées du Serein et de l'Ource, en traversant celles de l'Armançon et de la Seine; nos observations feront donc ressortir le constraste qui existe toujours entre les grandes crues des cours d'eau à versants perméables et imperméables.

1° La pluie commença à tomber à Guillon le dimanche 23 septembre à dix heures du matin, et continua sans interruption avec une grande violence jusqu'au lendemain à dix heures du soir; nous estimons que dans ces trente-six heures, il n'est pas tombé dans la localité moins de 100 millimètres d'eau (*). Après quelques heures de cette

(*) Au pluviomètre d'Avallon, on a recueilli $94^{mm}.45$ d'eau de pluie.

pluie violente, les flancs de la montagne de Mont-Faute, que nous avions sous les yeux, commencèrent à ruisseler de tous côtés. Chaque sillon de terre labourée devient bientôt un ruisseau ; ainsi se vérifiait ce qui a été dit dans une précédente publication de l'impossibilité de tracer sur une carte tous les cours d'eau d'un terrain imperméable puisqu'en temps de pluie chaque sillon, dans les champs, devient un véritable ruisseau.

La rivière elle-même grossissait rapidement ; ordinairement, en septembre, elle est à peu près à sec, parce que, son bassin étant entièrement imperméable, les sources y sont mal alimentées, surtout dans la saison chaude ; mais en 1866, par suite des pluies continuelles de l'été, le 23 septembre avant la pluie, elle débitait environ 1 mètre cube d'eau par seconde.

Le 24, à sept heures du matin, le Serein commençait à déborder ; il atteignait bientôt le sol de l'allée du parc de Courterolle qui longe la rive droite. De l'autre côté de la rivière, s'étend un immense déversoir qui avait sa chute complétement effacée ; il était ainsi devenu l'un des éléments du lit dans lequel l'eau coulait avec une vitesse extraordinaire de 3 à 4 mètres ; suivant notre estime, le débit était alors au moins de 150 mètres cubes par seconde ; ainsi, en vingt et une heures, il était plus que centuplé.

L'eau montant toujours, le parc se trouvait envahi ; on eut à peine le temps d'abattre 6 mètres de murs dans le but de donner une issue au torrent. A dix heures il y avait 1 mètre d'eau dans le jardin et 30 mètres de murs étaient renversés. Le niveau de l'eau continua à s'élever jusqu'à dix heures du soir ; d'après nos observations le débit devait être alors de plus de 300 mètres cubes par seconde.

Le lendemain 25, dès le matin, le niveau de l'eau était déjà bien diminué. Le soir, le débordement avait presque cessé, et le 26 au matin la rivière était entièrement rentrée dans son lit. Le débordement avait donc duré quarante-huit heures environ ; il avait commencé vingt et une heures après la pluie, et cessait trente-trois heures après le rétablissement du beau temps.

Le 25 au matin, le ruissellement des champs avait cessé ; la rivière, mal soutenue par les sources qui dans tout son bassin sont très-petites, rentrait naturellement dans son lit au fur et à mesure que les eaux torrentielles s'écoulaient.

2° Il était bien intéressant d'examiner ce qui se passait pendant ce temps à la surface des terrains perméables. Dès que le temps le permit, nous montâmes sur le plateau de la montagne de Mont-Faute qui forme une surface de 200 hectares environ entièment perméable. Quoique la pente de ce plateau soit assez forte, on ne voyait aucune trace de ruissellement à la surface du chapeau de calcaire à entroques (*oolithe inférieure*) qui le recouvre. Les 100 millimètres de pluies avaient donc été absorbés sur place. Mais qu'étaient devenus ces 200 000 mètres cubes d'eau tombés sur la montagne ? Les flancs, ainsi que nous l'avons dit en commençant, sont imperméables ; ils sont entièrement composés d'une argile compacte (*lias*) qui n'avait pu être traversée. L'eau s'était donc emmagasinée dans le chapeau calcaire qui couvre la montagne, et nous avons immédiatement constaté que ce réservoir se vidait rapidement par une multitude de sources éphémères qui jaillissaient sur tout le pourtour du plateau ; la plus considérable de ces sources pouvait débiter 20 litres par seconde.

3° Le 26, les routes étant devenues praticables, nous avons pu faire des observations très-complètes sur les sources éphémères des calcaires oolithiques en traversant les montagnes qui séparent les quatre vallées du Serein, de l'Armançon, de la Laignes, de la Seine et de l'Ource.

Nous arrivions au faîte de partage qui sépare le Serein

de l'Armançon en remontant la petite vallée de Marmagne. Le lias et le calcaire à entroques qu'on rencontre d'abord en remontant cette vallée se trouvaient dans les mêmes conditions relatives qu'à Mont-Faute, c'est-à-dire que de nombreuses sources éphémères ruisselaient à leur ligne de contact.

Au-dessus se trouve un autre terrain, la *terre à foulon* (*fuller's earth*) composée de calcaire marneux alternant en assises minces avec des marnes blanches peu compactes. Ce terrain est moins perméable que le calcaire à entroques; néanmoins, l'eau ruisselle bien rarement à sa surface. La petite vallée que nous suivions entre les villages de Santigny et de Vassy est habituellement sèche, même à la suite de grandes pluies. Mais le 26 septembre, son thalweg était occupé par un limpide ruisseau, et en remontant on arrivait à une source considérable sortant au milieu d'un champ ordinairement aride. Une dépression sans issue du voisinage était alors convertie en un petit lac rempli d'une eau parfaitement limpide.

Du faîte de partage, on descend dans la vallée de l'Armançon en suivant le ruisseau de Bornant qui y débouche un peu en amont de la station d'Aisy (chemin de fer de Lyon). L'ordre des terrains dans ce trajet est renversé. En descendant le long du Bornant, on trouve d'abord, à partir de la ligne de faîte, le lias et son chapeau de calcaire à entroques; c'est à la ligne de contact de ces deux terrains que sortent les sources du village d'Anstrudes (autrefois Bierry-les-Belles-Fontaines), qui en temps ordinaire alimentent seules le ruisseau de Bornant. Le jour de notre visite, ces sources étaient en forte crue et ne débitaient pas moins de 1 mètre cube par seconde. A 3 kilomètres d'Anstrudes, au moulin de Chevigny-le-Désert, le lias et le calcaire à entroques, par l'effet d'une faille, s'enfoncent sous le sol, et la terre à foulon occupe le fond de la vallée. Les masses puissantes de la grande oolithe s'élèvent au-dessus à une hauteur considérable; habituellement, le pied des coteaux est complétement aride, et à l'exception d'une petite source qui jaillit de la faille, un peu à l'aval du moulin, il n'en sort pas une seule goutte d'eau.

Mais le 26 septembre l'état des lieux était bien changé; des sources énormes bouillonnaient partout au pied des coteaux; la petite source du moulin de Chevigny était devenue un fort ruisseau; le fossé de la route, ordinairement à sec, était entièrement rempli d'une eau limpide qui débordait sur la chaussée. Au pied de la ferme de Bornant, cinq grandes sources jaillissaient en s'élevant au-dessus du sol comme les panaches des fontaines de la Concorde, mais bien plus abondantes; la portée du ruisseau de Bornant qui, en temps ordinaire, ne dépasse pas quelques centaines de litres, s'élevait ce jour-là à plus de 10 mètres cubes. Les prairies riveraines étaient submergées, et l'eau limpide qui les recouvrait laissait voir jusqu'au moindre brin d'herbe.

L'Armançon était encore débordé et couvrait d'eau fangeuse tout le fond de la vallée. Néanmoins son niveau s'était déjà abaissé de plus d'un mètre.

4° Nous avons passé de la vallée de l'Armançon à celle de Laignes, par le chemin de fer de Nuits-sous-Ravière à Châtillon-sur-Seine. Dans la petite vallée que suit ce chemin, une dernière source de la terre à foulon était en grande crue; mais bientôt les assises puissantes et fendillées de la grande oolithe remplacent les calcaires marneux, et la vallée, le jour de notre passage, était complétement sèche jusqu'au plateau de Sennevoy.

Sur ce plateau la grande oolithe a disparu sous les assises marneuses de l'argile d'Oxford, terrain demi-perméable physiquement semblable à la terre à foulon, c'est-à-dire composé de calcaires argileux alternant avec des marnes blanchâtres.

Même en temps ordinaire, l'absorption des eaux est incomplète, et, au fond de chaque vallée principale, une source énorme jaillit au contact des deux terrains. Telles sont les sources de Laignes qui donnent une nouvelle vie à la rivière de ce nom, à sec en tout temps dans la traversée de la grande oolithe, la Douix dans la vallée de la Seine à Châtillon, la source de Brion dans la vallée de l'Ource, etc. Le 26 septembre, un volume d'eau considérable regorgeait dans chaque vallée à cette ligne de contact : la Laignes était en forte crue; le petit ruisseau alimenté par les sources de Bissey-la-Pierre couvrait toute la prairie. Mais, en approchant de la vallée de la Seine, les vallées de la grande oolithe que traverse le chemin de fer étaient sèches comme à l'ordinaire.

En arrivant à Châtillon, nous trouvâmes la Seine débordée, et l'eau était à peine louche.

5° Le trajet de la vallée de la Seine à celle de l'Ource ne présentait rien de particulier. Le creux Minchard, seule vallée secondaire qu'on traverse, ouverte dans la grande oolithe, était sèche comme à l'ordinaire. Mais en suivant la vallée de l'Ource, depuis Brion jusqu'à Champigny, nous constatâmes l'existence de sources éphémères d'un autre genre.

Entre Brion et Grancey, sur 12 kilomètres de longueur, la vallée de l'Ource, ouverte dans les terrains mous de l'argile d'Oxford, a une largeur considérable, et de nombreuses vallées secondaires s'ouvrent en pattes d'oie dans les collines qui la bordent.

Les plus grandes de ces vallées secondaires ont, au point de vue de l'hydrologie, un caractère bien remarquable.

Elles sont habituellement sèches; mais, à leur débouché dans la vallée principale, on remarque presque toujours une source énorme. Dans les temps pluvieux, une autre source jaillit tout à coup sur le thalweg à une altitude un peu plus grande. Si la saison est très-humide, on voit surgir successivement une troisième source, puis une quatrième et ainsi de suite, toujours en remontant jusqu'au point où le thalweg de la vallée secondaire se relève brusquement avec une forte inclinaison et reste toujours sec. Ces sources éphémères cessent de couler dès que le temps se met au sec.

La route départementale n° 16, que nous suivions le 26 septembre, traverse deux de ces vallées.

La principale est celle de Riel-les-Eaux; les sources éphémères y étaient tellement abondantes que le ponceau à triple ouverture établi sous la route était insuffisant, et que l'eau menaçait de déborder sur la chaussée.

L'Ource était complétement débordée; la crue était aussi forte que celle du 4 mai 1836, c'est-à-dire qu'elle atteignait la limite des plus grandes eaux connues; elle n'a été trouble que pendant deux jours; elle atteignait son maximum à notre arrivée, c'est-à-dire le 26 vers quatre heures du soir, et elle était alors complétement limpide.

Le lendemain 27, sa limpidité était parfaite et, du haut d'une éminence voisine, on voyait les truites se promener sur les prairies inondées.

Les eaux se retirèrent lentement, et, le 1er octobre, une bonne partie des prés était encore sous l'eau; la crue n'a pas duré moins d'une quinzaine de jours.

Nous estimons que la portée maximum était d'environ 60 mètres cubes par seconde. La superficie du bassin en amont du point où nous étions alors est de 520 kilomètres carrés environ.

Ce qui précède fait comprendre immédiatement l'existence de ces crues complétement limpides qui paraissent si singulières au premier abord.

On vient de voir que les sources éphémères des terrains jurassiques de la chaîne de la Côte-d'Or se produisent :

1° Au contact du lias et du calcaire à Entroques;

2° Dans les calcaires marneux de la terre à foulon, lorsqu'ils occupent le fond des vallées;

3° Sur la ligne où la grande oolithe plonge sous l'Oxford-clay;

4° Sur le thalweg des vallées de l'Oxford-clay, même dans les vallées secondaires.

Considérons maintenant la vallée d'un des grands affluents de la Seine, de l'Ource, par exemple.

Depuis le faîte de partage jusqu'à Recey, la vallée est ouverte dans la terre à foulon;

Depuis Recey jusqu'à Froidvent, dans le lias couronné par le calcaire à entroques;

Depuis Froidvent jusqu'à Vanvey, dans la terre à foulon.

A Brion se trouve le point d'enfoncement de la grande oolithe sous l'argile d'Oxford.

De Brion à Grancey, la vallée est ouverte dans les calcaires marneux de l'argile d'Oxford, avec longues vallées secondaires.

A partir de Grancey, la vallée se resserre, mais l'argile d'Oxford se montre encore au fond presque jusqu'à la jonction avec celle de la Seine.

Les sources éphémères pouvaient donc se produire partout, excepté dans la traversée de la grande oolithe de Vanvey à Brion.

On peut remarquer que les vallées de la Laignes, de la Seine, de l'Ource, de l'Aube, de l'Aujon, de la Suize, de la Saulx, de l'Ornain, sont ouvertes dans les mêmes formations calcaires.

D'un autre côté l'Yonne, la Cure, le Serein, l'Armançon et la Marne, en sortant des terrains imperméables où ils prennent leur origine, traversent aussi sur de grandes longueurs les terrains calcaires dont nous venons de parler. On comprend donc sans peine l'importance des crue des sources de ces terrains, crues qui ne durent jamai moins de quinze jours, passent à Paris deux ou trois jour après les eaux torrentielles, et soutiennent ainsi les crue de la Seine.

Les crues tranquilles des cours d'eau de la craie sont re lativement sans importance, et il résulte aujourd'hui d nos études que c'est aux crues des cours d'eau de la chaîn de la Côte-d'Or que celles de la Seine doivent leur caractèr le plus saillant, celui d'être influencées par deux, trois, quatre et jusqu'à quinze crues successives des affluents.

Nous avons fait voir, dans des travaux antérieurs, qu c'est à cela qu'il faut attribuer la rareté des grands débordements de la Seine à Paris, les seuls qui y soient véritablement désastreux et qui ne se reproduisent guère qu'une ou deux fois par siècle.

Essais hydrotimétriques des eaux de la Seine aux différentes périodes de la crue. — L'examen des différents cours d'eau du bassin de la Seine nous a montré comment, toujours et partout, les crues des cours d'eau des terrains imperméables s'écoulent avant celles des terrains perméables. Ce principe trouve une confirmation remarquable dans un ordre de faits tout différent : la composition chimique des eaux de la Seine aux différents moments de la crue.

Les eaux qui arrivent les premières n'ont fait, à leur origine, que couler à la surface de sols imperméables, souvent granitiques ; dans leur course rapide, elles ont pu entraîner des matières en suspension, mais il leur a été difficile de dissoudre beaucoup de sels. Les eaux des terrains perméables, au contraire, ont pénétré dans le sol et ont eu le temps de laver les formations calcaires dans une grande épaisseur. Aussi, au commencement de la crue, il y a un décroissement brusque dans la quantité de sels que les eaux de la Seine tiennent en dissolution ; mais à la fin elles en contiennent une très-forte proportion.

L'explication de ces variations peut se préciser davantage en partant des études antérieures faites par l'un de nous.

Les eaux de l'Yonne et de la Cure ne marquent à l'hydrotimètre que 1° ou 2° à leur sortie du Morvan. En traversant les terrains jurassiques et les terrains crétacés, elles atteignent jusqu'à 15° ou 16°.

Les eaux de l'Yonne n'en conservent pas moins une pureté considérable relativement aux sources des terrains oolithiques marneux; ces sources marquent, en effet, de 21°,5 à 34°.

Les eaux du Morvan mélangées à celles des autres terrains imperméables sont, au minimum, de trente-six heures, et ordinairement de quatre jours en avance sur la crue des sources. Dès lors, le degré hydrotimétrique doit diminuer quand la Seine commence à s'élever, puis remonter d'une manière relativement considérable par l'effet des eaux de source qui soutiennent la crue.

Ces variations accusent ainsi, de la manière la plus frappante, la diversité d'origine des eaux de la Seine aux diverses périodes d'une crue; elles sont indiquées dans le tableau suivant :

DATES.	DEGRÉ hydrotimétrique de la Seine, à Port-à-l'Anglais, en amont du confluent de la Marne.	DEGRÉ hydrotimétrique de la Seine, à Paris, près du quai d'Austerlitz.	OBSERVATIONS.
	degrés.	degrés.	
Moy. du 1er au 14 septembre.	19.25	»	
15 —	19.50	»	
16 —	19.50	»	
17 —	19.50	21.21	
18 —	19.50	»	
19 —	19.50	»	
20 —	18.80	»	
21 —	18.80	»	
22 —	18.80	»	
23 —	18.80	»	Le 23 au soir, la
24 —	16.73	21.50	Seine commence à
25 —	15.98	»	monter.
26 —	15.98	»	Le 26, premier
27 —	15.98	»	maximum dû aux
28 —	15.98	»	eaux torrentielles de
29 —	16.21	»	la Brie et du Loing.
30 —	16.21	»	Le 29, maximum
1er octobre.	18.56	21.50	définitif de la crue.
2 —	19.03	»	
3 —	19.55	»	
4 —	18.09	»	
5 —	18.33	»	
6 —	18.33	»	
7 —	20.21	»	
8 —	19.74	24.10	
9 —	19.74	»	
10 —	19.74	»	
11 —	19.97	»	
12 —	20.21	»	
13 —	»	»	
14 —	20.30	24.60	
15 —	»	»	

Ces nombres montrent combien, sur les rivières dont les eaux sont empruntées à un ensemble de terrains différents les uns des autres, la composition chimique de ces eaux peut offrir de variations. Il n'y a donc pas lieu de s'étonner des différences que l'on peut remarquer entre les analyses les plus exactes faites à différentes époques pour un même cours d'eau.

§ II. — Pluies qui ont produit les crues de 1866.

Pluies préparatoires. — La relation qui relie les hauteurs de pluie tombées aux variations des cours d'eau est en général des plus compliquées : la pluie est quelquefois un phénomène local ; son intensité subit les plus grandes variations entre les points les plus rapprochés ; enfin, son influence sur les cours d'eau est dans une étroite dépendance avec l'état atmosphérique qui a précédé.

Ces complications s'amoindrissent pour les pluies qui ont produit les grandes crues de 1866 ; ces pluies avaient été, en effet, partout précédées d'une série de jours très-humides qui avaient humecté le sol et l'avaient préparé à déverser immédiatement dans les rivières toute l'eau venant en excès. C'est dans ces conditions que sont survenus les phénomènes météorologiques qui ont été si généraux et si intenses dans tout le bassin de la Seine, du 22 au 25 septembre ; les pluies abondantes de cette dernière période ont donc dû produire tous leurs effets.

On se rendra compte facilement de l'importance de ces pluies préparatoires, par les nombres suivants que nous bornons à quelques localités diversement situées dans le bassin de la Seine ; nous y joignons comme terme de comparaison l'indication de ce qui s'était passé à l'époque de la plus forte des deux crues éprouvées par l'Yonne dans le mois de mai 1856.

Crues de septembre 1866.

LOCALITÉS.	HAUTEURS DES PLUIES PRÉPARATOIRES.									TOTAL DES HAUTEURS de pluies tombées les 22, 23, 24 et 25 septembre 1866.
	Le 13	Le 14	Le 15	Le 16	Le 17	Le 18	Le 19	Le 20	Le 21	
	mm.	mm.	mm.	mm.	mm.	mm.	mm.	mm.	mm.	mm.
Pannetière (Nièvre)	7.4	9.2	8.7	6.8	1.9	»	»	1.1	0.1	120.7
Vézelay.	14.5	3.4	7.0	»	32.9	1.9	»	»	1.6	100.6
Pouilly.	7.5	5.0	10.0	2.7	2.2	6.5	»	»	»	96.7
Châtillon-s-Seine	3.0	5.8	2.0	»	5.3	»	»	0.1	0.2	101.3
Chaumont (plateau)	3.4	4.1	11.8	4.6	1.2	7.5	»	»	0.3	82.0
Bar-le-Duc. . . .	4.0	8.2	0.3	2.0	3.7	»	»	0.1	7.2	60.6

Crues de mai 1856.										
LOCALITÉS.	HAUTEURS DES PLUIES PRÉPARATOIRES.									TOTAL DES HAUTEURS de pluie tombée les 10, 11, 12 et 13 mai 1856.
	Le 1	Le 2	Le 3	Le 4	Le 5	Le 6	Le 7	Le 8	Le 9	
	mm.	mm.	mm.	mm.	mm.	mm.	mm.	mm.	mm.	mm.
Pannetière (Nièvre)	3.3	20.4	»	2.3	»	»	9.4	17.4	1.9	116.2
Vezelay.	»	»	»	»	»	»	5.7	7.3	0.7	90.2
Pouilly.	2.5	16.2	1.2	»	»	»	7.5	10.0	1.2	91.2

Quoique réparties sur un plus grand nombre de jours que celles de mai 1856, les pluies préparatoires de septembre 1866 n'en ont pas été moins efficaces pour saturer le sol d'humidité. En Bourgogne, la veille de la grande pluie du 23 septembre, le sol paraissait sec à la surface, car il n'était pas tombé de pluie depuis cinq jours, mais les vignerons se plaignaient de ce que l'humidité, restée en dessous, rendait très-fatigant le travail de la terre.

Pluies torrentielles. — Après ces pluies préparatoires, assez variables suivant les localités, sont arrivées les grandes pluies torrentielles et continues qui ont commencé dans la partie inférieure du bassin de la Seine dès le 21 et le 22 septembre, et qui ont atteint la partie supérieure dans les journées des 23 et 24 septembre. On trouve dans le tableau suivant les hauteurs totales de ces pluies observées dans les diverses stations du service hydrométrique et dans quelques autres localités situées en dehors du bassin de la Seine.

Tableau des hauteurs des pluies torrentielles (1) *correspondant aux crues du mois de septembre* **1866**, *dans le bassin de la Seine.*

DÉSIGNATION des localités.	Altitude. (1)	Hauteur des pluies torrentielles (1). (2)	Hauteur de pluie moyenne annuelle de 1861-65. (3)	Rapport n' des nombres des colonnes 2 et 3. (4)	Hauteur de pluie annuelle en 1866. (5)	Rapport n' des nombres des colonnes 2 et 5. (6)
En dehors et au sud du bassin de la Seine.						
	mèt.	mm.	mm.		mm.	
Dijon	»	55	»	»	»	»
Pont d'Ouche	»	95	»	»	»	»
Saint-Jean de Losne	»	16	»	»	»	»
Fontaine-Française	»	31	»	»	»	»
Bourg en Bresse	»	10	»	»	»	»
Lyon (fort Lamotte) (*)	»	20	»	»	»	»
Tarare (bassin du Rhône, près de la ligne de partage) (*)	»	89	»	»	»	»
Cublize (département du Rhône, bassin de la Loire) (*)	»	79	»	»	»	»
Montpezat (Ardèche) (**) (2)	1 000	131	1 884	0.07	1 860	0.07
Montbrison (**)	409	158	542	0.29	600	0 26
Roanne (**)	280	136	616	0.22	580	0.24
Le Puy (***)	625	169	646	0.26	590	0.28
Châtillon en Bazois (Nièvre)	»	133	»	»	»	»
Bassin de l'Yonne proprement dit.						
Les Settons (près des sources de la Cure)	597	151	1 526	0.10	1 656	0.09
Château-Chinon	550	56	378	0.15	406	0.14
La Colancelle	279	126	730	0.17	800	0.16
Pannetière	277	121	735	0.16	719	0.17
Clamecy	147	81	620	0.13	640	0.13
Vézelay	»	101	712	0.14	791	0.13
Avallon	240	95	576	0.16	617	0.15
Auxerre	122	88	591	0.15	522	0.17

(1) Sauf indication contraire, on a inscrit dans la colonne (2) le total des hauteurs de pluie tombée dans les journées des 22, 23 et 24 septembre.

(2) Les nombres relatifs à Montpezat, Montbrison et Roanne ne s'appliquent qu'aux journées des 23, 24 et 25 septembre.

(*) Ces renseignements sont dus à l'obligeance de MM. Gobin et Fournet.

(**) Ces renseignements sont dus à l'obligeance de M. Gonthier, ingénieur à Saint-Étienne.

(***) Les renseignements relatifs au Puy sont dus à l'obligeance de M. Genty, ingénieur au Puy.

DÉSIGNATION des localités.	Altitude. (1)	Hauteur des pluies torrentielles. (2)	Hauteur de pluie moyenne annuelle de 1861-65. (3)	Rapport n des nombres des colonnes 2 et 3. (4)	Hauteur de pluie annuelle en 1865. (5)	Rapport n' des nombres des colonnes 2 et 5. (6)
Bassins de l'Armançon et du Serein.						
	mèt.	mm.	mm.		mm.	
Saulieu	539	134	899	0.15	882	0.15
Pouilly	395	97	671	0.14	696	0.14
Grosbois	412	103	698	0.15	805	0.13
Thenissey (près Verrey)	300	105	695	0.15	779	0.13
Marigny	»	116	»	»	520	0.22
Semur	»	121	»	»	»	»
Montbard	218	104	589	0.18	593	0.17
Tonnerre	141	89	»	»	688	0.13
Chablis (1)	158	75?	582	?	598	?
Bassin de l'Yonne, entre Laroche et Montereau.						
Laroche	86	102	565	0.18	564	0.18
Joigny	82	69?	554	?	582	?
Sens	82	86	529	0.16	581	0.15
Saint-Martin (près Sens)	66	83	517	0.16	526	0.16
Bassin de la Seine proprement dit, au-dessus du confluent de la Marne.						
Chanceaux (Côte-d'Or)	»	124	845	0.15	891	0.14
Baigneux (Côte-d'Or)	»	119	»	»	»	»
Châtillon-sur-Seine	»	101	613	0.16	676	0.15
Bar-sur-Seine	157	79	890	0.09	927	0.09
Vendeuvre	165	64	763	0.08	786	0.08
Chaumesnil	147	35	562	0.06	420	0.08
Barberey (près Troyes)	98	75	392	0.19	335	0.22
Conflans (près Romilly)	»	61	365	0.17	342	0.18
Courbeton (près Montereau)	57	81	660	0.12	656	0.12
Melun	57	50	420	0.12	450	0.11
Bassin du Loing.						
La Jacqueminière (2), arrondissement de Montargis (*)	»	82	»	»	742	0.11
La Salvonnière, même arrondissement (*)	»	84	»	»	746	0.11
Toucy (Yonne) (3)	186	102	697	0.15	671	0.15

(1) A Chablis, l'eau a dépassé la cuvette du pluviomètre; le chiffre de 75 millimètres est donc probablement trop faible.

(2) Les hauteurs annuelles inscrites pour les stations de la Salvonnière et de la Jacqueminière ont été observées du 1er septembre 1865 au 1er septembre 1866; elles ne sont donc pas rigoureusement comparables aux nombres analogues des autres stations.

(3) Pour Toucy et les stations suivantes, on a inscrit dans la colonne (2) les hauteurs de pluie tombée dans les journées des 21, 22, 23 et 24 septembre.

(*) Les nombres relatifs à l'arrondissement de Montargis sont extraits de la note insérée par M. Becquerel dans les *Comptes rendus de l'Académie des sciences* du 5 novembre 1866.

DÉSIGNATION des localités.	Altitude. (1)	Hauteurs des pluies torrentielles. (2)	Hauteur de pluie moyenne annuelle de 1861-66. (3)	rapport n des nombres des colonnes 2 et 3. (4)	Hauteur de pluie annuelle en 1866. (5)	rapport n' des nombres des colonnes 2 et 5. (6)
Bassin de la Seine au-dessous du confluent de la Marne.						
	mèt.	mm.	mm.		mm.	
Saint-Maur (près Paris)	39	39	»	»	»	»
Paris	»	35	474	0.07	542	0.06
Versailles	»	32	»	»	»	»
Rouen	44	24	»	»	724	0.03
Yvetot	»	38	»	»	»	»
Caudebec	92	35	»	»	»	»
Elbeuf	»	22	»	»	»	»
Fécamp	»	32	»	»	»	»
Le Havre	»	35	»	»	»	»
Fatouville (phare du département de l'Eure)	96	49	734	0.07	832	0.06
Bassin de l'Oise.						
Pontoise	»	26	442	0.06	504	0.05
Beauvais	79	21	515	0.04	627	0.03
Venette (Compiègne)	41	30	410	0.07	459	0.07
Vauxrot (près Soissons)	51	50	»	»	449	0,11
Soissons	»	50	»	»	»	»
Berry au Bac	65	54	344	0.16	323	0.17
Laon	185	56	602	0.09	633	0.09
Saint-Quentin	»	40	»	»	»	»
Hirson (pied des Ardennes)	196	69	667	0.10	714	0.10
Sainte-Menehould	145	45	»	»	»	»
Bassin de la Marne.						
Sommesous	176	54	»	»	349	0,15
Vitry-le-François	107	62	»	»	573	0,11
La Neuville-au-Pont (Haute-Marne)	138	63	»	»	558	0,11
Bar-le-Duc	»	61	»	»	720	0,08
Vassy	183	86	»	»	617	0,14
Joinville	»	72	»	»	693	0,10
Chaumont (vallée)	256	71	»	»	704	0,10
Chaumont (plateau)	330	82	»	»	693	0,12
Langres (vallée)	339	47	»	»	941	0,05
Langres (plateau)	469	44	»	»	1 013	0,04

(1) Pour Venette et les stations suivantes, on a inscrit dans la colonne (2) les hauteurs de pluie tombées dans les journées des 22, 23, 24 et 25 septembre.

Le tableau qui précède montre combien ont été générales et intenses les pluies qui ont donné lieu à l'inondation; dans quelques localités leur hauteur, en deux jours à peine, va jusqu'au cinquième de la hauteur moyenne annuelle;

dans la Côte-d'Or et la Nièvre, les chiffres ont au moins atteint ceux de 1856 que nous avons cités plus haut. Nous avons malheureusement ces anciennes observations en trop petit nombre pour permettre une comparaison étendue. Toutefois, les pluies torrentielles de 1856 paraissent avoir été bien moins générales que celles de 1866; la partie inférieure du bassin de la Seine s'en était encore moins sentie; tandis qu'à Toucy on a, du 21 au 25 septembre 1866 recueilli 102 millimètres d'eau, on n'en avait obtenu que $3^{mm}.7$ du 10 au 13 mai 1856; le bassin du Loing n'avait donc pas été atteint, tandis que cette année les inondations y ont amené presque des désastres.

Ce caractère de généralité se traduit également par la presque égalité des indications de pluviomètres très-rapprochés. On sait qu'à Paris, les différentes stations reçoivent pendant les fortes averses et même en moyenne des hauteurs de pluie notablement différentes. Cette fois, au contraire, toutes les indications ont été concordantes; on a recueilli, en effet, depuis le 21 septembre à 9^h du matin jusqu'au 24 à 9^h du matin :

	mill.
A l'Observatoire (terrasse).	33
A l'Observatoire (cour).	34
Aux réservoirs du Panthéon.	35
— Saint-Victor.	35
— de la rue de Vaugirard.	33
— Passy.	34
— Monceau.	33
— La Villette.	34
— Ménilmontant.	33
A l'écluse de la Monnaie.	31

Cette concordance est importante parce qu'elle prouve bien que les différences d'indications de ces pluviomètres, signalées dans d'autres circonstances, tiennent, non à la disposition ou à l'emplacement des instruments, mais seulement à l'extrême inégalité du phénomène de la pluie.

Les lois qui ont été signalées par l'un de nous sur le régime de la pluie dans le bassin de la Seine (*Annales des ponts et chaussées*, 1865, 2e semestre), se retrouvent la plupart dans le tableau qui précède; elles avaient été obtenues par la discussion des moyennes annuelles; on les voit ici se dégager d'un phénomène unique, mais général; ce n'est pas en effet exclusivement dans les moyennes, mais aussi et surtout dans des observations très-étendues de phénomènes généraux, que l'on doit chercher la plupart des lois de la météorologie :

1° L'influence prépondérante de l'altitude apparaît bien nettement dans la distribution des pluies de septembre. Sur les bords de la mer, à Fécamp, au Havre, à Fatouville, on a de 32 à 35 et 38 millimètres d'eau; presque aussitôt qu'on a quitté la mer, apparaît une diminution sensible; Rouen n'a que 24 millimètres, Pontoise que 29 millimètres. Paris et Saint-Maur ont déjà l'un 35, l'autre 39 millimètres. A partir de cette distance, et surtout en se dirigeant vers le haut des vallées de l'Yonne, de l'Armançon et de la Seine, les hauteurs de pluie vont en augmentant avec une très-grande rapidité; Saulieu reçoit 134 millimètres; la station des Settons, 151 millimètres; en allant plus loin, jusqu'aux sources de la Loire, on trouverait au Puy 169 millimètres. Les montagnes qui, dans le département du Rhône, forment la limite des bassins du Rhône et de la Loire, reçoivent aussi d'énormes quantités d'eau, mais les pluies ne vont pas beaucoup au delà; Lyon ne reçoit que 20 millimètres; derrière la ligne de partage de la Côte-d'Or, Saint-Jean-de-Losne ne reçoit que 16 millimètres; derrière les plateaux de Langres, on ne trouve à Vesoul que 8 millimètres.

2° Au milieu de ces faits généraux, se détachent les particularités propres à chaque localité. Deux pays voisins reçoivent souvent des moyennes de pluie très-différentes; ces variations se retrouvent assez généralement dans le même ordre, en comparant les pluies torrentielles de septembre 1866 avec les hauteurs moyennes annuelles. On y remarque surtout le point singulier qu'offre la ville de Château-Chinon, si caractérisée par le minimum qu'elle présente : du 22 au 25 septembre, Château-Chinon a reçu 56 millimètres d'eau, tandis qu'aux Settons, à trois lieues de distance, il en tombait 151 millimètres. Pontoise a reçu comme d'habitude notablement moins d'eau que Paris : on a observé dans ces deux villes 26 et 35 millimètres.

3° On peut également remarquer que les pluies torrentielles réunies dans le tableau vérifient tout aussi bien que les moyennes de plusieurs années la loi approchée énoncée par M. l'ingénieur Fournié, d'après laquelle le rapport entre les hauteurs de pluie est un nombre constant pour deux stations *peu éloignées*. En effet, les nombres obtenus en divisant la hauteur des pluies torrentielles par la hauteur moyenne annuelle sont à peu près constants dans divers groupes de localités assez rapprochées les unes des autres (*) : par exemple, dans les parties du bassin de la Seine comprises dans les départements de la Côte-d'Or et de la Nièvre, ce nombre oscille autour de la valeur 0.15 :

(*) Dans deux localités voisines A et B, désignons par a et b les hauteurs de pluie moyenne annuelle, par a' et b' les hauteurs des pluies torrentielles : les nombres inscrits dans les tableaux sont les quotients $\frac{a'}{a}$ et $\frac{b'}{b}$. Si l'on a, comme nous le faisons remarquer, l'égalité $\frac{a'}{a} = \frac{b'}{b}$, on en déduit immédiatement $\frac{a'}{b'} = \frac{a}{b}$, c'est-à-dire que le rapport des hauteurs de pluie est constant pour les deux localités considérées.

				mill.
1°	Auxerre. . . . . . $n =$ 0.15	quoique cette station ait reçu		88
	Vézelay. 0.14	—		101
	Avallon. 0.16	—		94
	Saulieu. 0.15	—		134
	Pouilly. 0.14	—		97
	Grosbois. 0.15	—		103
	Thenissey. 0.15	—		105
	Chanceaux. 0.15	—		124
	Châtillon-sur-Seine. . 0.16	—		101
2°	Courbeton. 0.12	—		81
	Melun. 0.12	—		50
3°	Paris. 0.06	—		35
	Pontoise. 0.05	—		26
4°	Laon. 0.09	—		56
	Hirson. 0.10	—		69

Intensité relative des pluies torrentielles dans les différents points du bassin. — Nous venons de signaler les analogies qui existent entre la distribution des pluies torrentielles et celles des moyennes annuelles ; nous devons maintenant insister sur les différences relatives qui existent entre ces deux séries de nombres.

Le même rapport, qui vient de nous faire retrouver la loi énoncée par M. Fournié, peut servir à apprécier numériquement un élément très-important dans l'appréciation des pluies torrentielles : l'intensité particulière qu'elles ont acquise dans certaines régions, de préférence à d'autres. On sait déjà, par exemple, que dans le bassin de la Marne et dans la partie inférieure du bassin de la Seine, le phénomène a été moins marqué que dans les bassins de l'Yonne, de l'Armançon et de la haute Seine ; traduites en courbes, les hauteurs de pluies se rapetisseraient dans le bassin de la Marne, tout en conservant leur forme générale.

On peut apprécier plus rigoureusement ces différences en essayant de tenir compte du caractère propre à chaque localité. Il semble qu'on peut jusqu'à un certain point y arriver en comparant l'intensité des pluies torrentielles d'une localité à celle de ses pluies annuelles; si, dans deux pays différents, les pluies torrentielles, tout en étant égales en valeur absolue, ont formé dans l'un le dixième, et dans l'autre le cinquième de la hauteur moyenne annuelle, il est clair que le phénomène a été dans les deux points tout différemment prononcé. On a vu d'ailleurs que le rapport, ainsi calculé, est en général sensiblement le même pour des points rapprochés ; il peut donc être considéré comme éliminant en grande partie les circonstaces locales et comme exprimant l'*intensité relative* des pluies torrentielles pour une même région. Quand ce nombre est très-grand dans un pays, c'est que les pluies se sont en quelque sorte acharnées contre lui. Nous citons ici quelques exemples de ces différences ; les rapports ont été calculés, l'un au moyen de la hauteur annuelle des cinq années 1861-1865, l'autre au moyen de la hauteur de l'année 1865 ; ils conduisent tous deux à des résultats analogues (*).

(*) Dans cette comparaison, il ne faut pas attribuer à chaque nombre isolé une importance exagérée; c'est seulement aux différences un peu générales qu'il faut s'attacher.

		Haute-Loire.			
Le Puy	$n = 0.26$	$n' = 0.28$	Montbrison	$n = 0.29$	$n' = 0.26$
		Vallées de l'Yonne et de l'Armançon.			
Courbeton (Montereau)	0.12	0.12	Chateau-Chinon	0.15	0.14
Sens	0.16	0.15	Les Settons	0.10	0.09
Laroche	0.18	0.18	Saulieu	0.15	0.15
Vézelay	0.14	0.13	Grosbois	0.15	0.13
Avallon	0.16	0.15	Marigny	»	0.22
Pannetière	0.16	0.17	Montbard	0.18	0.17
		Vallée de la haute Seine.			
Châtillon-sur-Seine	0.16	0.15	Vendeuvre	0.08	0.08
Bar-sur-Seine	0.09	0.09	Barberey, près Troyes	0.19	0.22
Chaumesnil	0.06	0.08	Conflans, près Romilly	0.17	0.18
		Vallées de l'Oise et de l'Aisne.			
Laon	0.09	0.09	Hirson	0.10	0.10
Berry-au-Bac	0.16	0.17			
		Vallée de la Marne.			
Sommesous	»	0.15	Joinville	»	0.10
Vitry-le-François	»	0.09	Chaumont (plateau)	»	0.12
Bar-le-Duc	»	0.08	Langres (plateau)	»	0.04
Vassy	»	0.14			
		Partie inférieure du bassin de la Seine.			
Paris	0.07	0.06	Fatouville	0.07	0.06

A partir de Sens, le phénomène se développe donc dans la vallée de l'Yonne et dans celle de l'Armançon ; il paraît atteindre son maximum dans les environs de Semur ; car, à Marigny, les pluies torrentielles ont une intensité qui est les 22 p. 100 de la hauteur annuelle, à Montbard les 16 ou 18 p. 100 ; on a vu, en effet, que les crues du bassin de l'Armançon paraissent avoir été relativement encore plus fortes que celles du bassin de l'Yonne.

L'intensité relative éprouve également des maxima très-remarquables à Barberey près Troyes, et à Conflans près Romilly, stations situées sur la Seine, l'une sur la limite, l'autre au milieu des plaines perméables de la Champagne. Tout à côté de Troyes et de Châtillon-sur-Seine, les stations de Bar-sur-Seine, de Vendeuvre et de Chaumesnil ont, au au contraire, des intensités relatives minima ; les pluies torrentielles y ont atteint seulement de 6 à 9 p. 100 de la hauteur annuelle. Il semble donc qu'au delà de Châtillon et de Troyes, le phénomène a épuisé ses efforts par son excès même; ses forces se sont usées en s'acharnant sur certaines régions; il ne lui en est plus resté au delà (*).

Dans les parties supérieures du bassin de la Loire, l'intensité relative des pluies torrentielles est bien plus grande que dans les points les plus atteints du bassin de la Seine : il tombe au Puy 26 p. 100, à Montbrison 29 p. 100 de la hauteur annuelle.

Pour le bassin de la Marne, nous ne pouvons établir la comparaison qu'en partant des hauteurs annuelles de 1865, ce qui la rend moins sûre; toutefois les nombres obtenus semblent montrer bien nettement que l'affaiblissement que nous avons remarqué à Vendeuvre, Bar-sur-Seine et Chaumesnil, se continue au delà. Sauf des points particuliers, tels que Vassy, le phénomène n'a pas, à beaucoup près, dans les départements de la Haute-Marne et de la Meuse, l'intensité relative si considérable que nous avons remarqué dans la Côte-d'Or et dans la Nièvre; les pluies torrentielles n'atteignent en général que de 8 à 12 p. 100 de la hauteur annuelle, au lieu de 13 à 17 et 18 p. 100. Langres, qui offre déjà un caractère spécial lorsque l'on compare les hauteurs de pluies annuelles, se signale par un minimum extrêmement prononcé. On sait que cette ville est sur l'extrême limite du bassin de la Marne, et qu'au delà, à Vesoul, la pluie a été à peu près nulle.

La station des Settons présente une particularité remarquable : comme d'ordinaire, c'est de toutes les stations celle où l'intensité absolue de la pluie a été la plus forte, car il y est tombé 151 millimètres d'eau; mais, en même

(*) Si l'on considérait, comme quelques savants, la compression des masses d'air humides comme l'une des causes principales de la pluie, on pourrait dire que ces masses d'air, poussées par une force venant du N.-O., ont été arrêtées en partie par les hauteurs limitant les vallées de la Seine et de l'Armançon; cet arrêt aurait augmenté la compression et donné au phénomène de la pluie un surcroît d'intensité dans ces contrées.

temps, l'intensité relative y a une valeur très-faible, et tout à fait exceptionnelle par rapport aux points environnants; les pluies torrentielles n'y ont atteint que les 9 p. 100 de la hauteur annuelle. Au contraire, à Château-Chinon, ce point singulier minimum si remarquable, a reçu les 14 p. 100 de la hauteur annuelle. En d'autres termes, Château-Chinon, qui reçoit en moyenne quatre fois moins de pluie que les Settons, n'en a reçu, les 23 et 24 septembre, que trois fois moins. La différence entre ces deux stations, toute considérable qu'elle soit, est cependant moindre qu'elle n'aurait dû l'être d'après la comparaison des moyennes; Château-Chinon a perdu notablement de son immunité, et les Settons semblent y avoir gagné quelque chose.

Cette ÉGALISATION, plus grande dans les grandes pluies générales que dans les moyennes annuelles, pourrait d'ailleurs être remarquée pour plusieurs autres stations; plusieurs des points singuliers tendent à disparaître dans un phénomène aussi général et aussi intense; Laon et Berry-au-Bac reçoivent presque la même quantité de pluie.

Les stations de Conflans et Sommesous ont plus d'eau qu'on n'aurait pu le prévoir d'après la répartition habituelle.

En résumé, en faisant la part des circonstances locales, les pluies des 22-24 septembre ont particulièrement sévi dans les parties supérieures des vallées de l'Yonne, de l'Armançon et de la haute Seine; quelle que soit sa cause, ce phénomène se présente avec les mêmes caractères que s'il était produit par une masse d'air humide qui poussée par une force venant du NO irait elle-même au SE s'engouffrer dans le département de la Côte-d'Or, tandis qu'au SO elle pénétrerait à la fois dans le Morvan et dans la vallée de la Loire.

Ce point de vue est tout à fait confirmé par le mode de distribution des pluies dans les nombreuses et importantes stations que possède le département de la Côte-d'Or. D'après M. Bazin, quand on trace sur une carte de ce département les lignes unissant les points qui ont reçu, les 23 et 24 septembre, d'égales quantités d'eau, on trouve que ces lignes sont précisément normales à la direction générale du N.-O. au S.-E. que nous venons de signaler.

Si l'on considère la plus importante de ces courbes, celle qui sépare les deux régions ayant reçu, l'une de 100 à 120 millimètres, l'autre de 50 à 100 millimètres, on trouve que cette courbe suit *exactement* la ligne de partage des bassins de la Seine et de la Saône. Si la Grosne, l'Ouche et la Dheune ont débordé, c'est donc seulement par l'effet des pluies qui sont tombées sur la crête de séparation, et qui se sont arrêtées peu après avoir franchi les points de partage. A Saint-Jean-de-Losne il n'est tombé, les 23 et 24 septembre, que 16 millimètres; Billey, situé à 12 kilomètres plus loin, n'a reçu que 5 millimètres; Maxilly, situé près du point où la Saône entre dans le département de la Côte-d'Or, n'a reçu également que 5 millimètres.

Mode de progression des pluies torrentielles. — On vient de voir que le phénomène des pluies torrentielles de septembre 1866 a été général dans tout le bassin de la Seine. Nous croyons pouvoir ajouter qu'il a été *progressif.* Les nombres que nous pouvons fournir à l'appui de cette opinion sont peut-être moins décisifs, car jusqu'ici les observations pluviométriques ont été faites dans les différentes stations du bassin de la Seine à des heures différentes, et presque toujours une seule fois par jour. Toutefois, les détails qui suivent nous semblent montrer que les pluies ont eu lieu d'abord dans la partie inférieure du bassin, qu'elles sévissaient dès le 22 septembre à Paris et dans le bassin de Loing, que plus loin leur maximum d'intensité est le 23, et plus loin encore le 24.

Voici les observations sur lesquelles cette remarque est fondée.

	millimèt.
Le Havre. — La mer est très-grosse les 21 et 22 septembre. Le pluviomètre donne, pour le 21 et le 22, un total de	27
Le 23, il donne encore	8
Le 24, il ne pleut pas.	
Fécamp. — 1° Au pluviomètre de M. Marchand, on a recueilli :	
Nuit du 20 au 21 septembre et le 21, jusqu'à midi	13
Du 21, à midi, jusqu'au 22, à midi	15
Du 22, à midi, jusqu'au 23, à midi	3
2° Au pluviomètre de M. Jacquart :	
Le 21, de six heures du matin à six heures du soir	4
Du 21, à six heures du soir, au 22, à six heures du matin	11
Le 22, de six heures du matin à six heures du soir	4
Du 22, à six heures du soir, au 23, à six heures du matin	3
Le 23, de six heures du matin à six heures du soir	3

Fatouville (phare situé sur les côtes du département de l'Eure). — Le 20 septembre il n'a pas plu.	Au pluviomètre de 25 mèt. de diamètre.	Au pluviomètre de 0 mèt. 16 de diamètre.	Soit par heure
	millimèt.	millimèt.	millim.
Le 21, de minuit à six heures du matin	4	4	0,7
— de six heures du matin à midi	3	3	0,5
— de midi à six heures du soir	0	0	0,0
Du 21, à six heures du soir, au 22, à sept heures et demie du matin	13	13	1,0
Le 22, de sept heures et demie du matin à trois heures du soir	14	15	1,8
— de trois heures du soir à six heures	3	3	1,0
Du 22, à six heures du soir, au 23, à six heures du matin	8	8	0,6
Le 23, de six heures du matin à dix heures	2	2	0,5
— de dix heures du matin à midi	0,2	0,2	»

Le reste de la journée du 23, et les 24 et 25 septembre, il n'a pas plu ; le 26, on a observé seulement un très-léger brouillard inappréciable au pluviomètre.

Paris (bassin de Monceau). — Il est tombé : Le 21 septembre, de une heure du soir à neuf heures.	3	9
Le 21, de dix heures du soir à six heures du matin.	6	
Le 22, à midi, au 23, à neuf heures du matin.		18
Le 23, de neuf heures du matin à cinq heures du soir.	7	8
Le 24, de deux heures à quatre heures du matin.	1	
Paris (bassin du Panthéon). — Il est tombé : le 21 septembre, de une heure à neuf heures du soir, et le 22, de deux heures à cinq heures du matin.		11
Le 22, de midi à cinq heures du soir, et le 23, de cinq heures à neuf heures du matin.		16
Le 23, de neuf heures du matin à quatre heures du soir (pluie recueillie le 24, à neuf heures du matin).		8
Les 24, 25, 26, 27 septembre, il n'a pas plu.		
Saint-Maur (près Paris). — Le 21 septembre, de huit heures du matin à huit heures du soir.	millim. 6	millim. 9,0
Du 21, à huit heures du soir, au 22, à huit heures du matin.	3	
Le 22, de huit heures du matin à huit heures du soir.	5	18
Du 23, à huit heures du soir, au 23, à huit heures du matin.	13	
Le 23, de huit heures du matin à huit heures du soir.	10	12
Du 23, à huit heures du soir, au 24, à huit heures du matin.	2	
Le 24, de huit heures du matin à huit heures du soir.	0,1	0,1
Du 24, à huit heures du soir, au 25, à huit heures du matin.	0,0	
Vauxrot (près Soissons). — Le 21 et le 22 septembre jusqu'à quatre heures du soir, il est tombé.		millim. 8
Du 22, à quatre heures du soir, au 23, à quatre heures du soir.		40

On a signalé des coups de tonnerre et des éclairs dans la nuit du 22 au 23, vers une heure du matin.

	Pluviomètre inférieur.	Pluviomètre supérieur.
	millim.	millim.
Saint-Quentin. — Le 21 septembre, de trois heures quarante-cinq du matin à deux heures du soir.	4	4
Le 22, de neuf heures et demie du matin à neuf heures et demie du soir.	21	17
Le 23, de quatre heures du matin à six heures vingt minutes du soir.	19	15
Le 24.	0	0
Les journées des 21 et 22 septembre sont signalées comme des journées de tempête.		

	Pluviomètre inférieur.	Pluviomètre supérieur.
	millim.	millim.
Hirson (au pied des Ardennes). — Le 21 septembre, de sept heures du matin à quatre heures du soir.	4	4
Le 22, de une heure du matin à neuf heures et demie, et de midi à une heure du soir.	12	12
Le 23, de midi à neuf heures du soir. .	37 } 57	35 } 54
Le 24, de minuit à onze heures du matin.	20 }	19 }

	millim.
Sommesous (Marne). — Le 21 septembre, de dix heures du matin à une heure, et de quatre heures à six heures et demie du soir.	3
Le 22, de quatre à cinq heures du matin.	1
Le 23, de une heure et demie à deux heures du matin, et de neuf heures du matin à minuit. . .	34
Le 24, de minuit à midi, et de six heures du soir à dix heures.	18
Reims. — Du 22 septembre, au soir, jusqu'au 24, à midi.	42
Sainte-Menehould. — Le 21 septembre, de onze heures du matin à sept heures du soir.	8
Le 22, de quatre heures à six heures du matin. . .	3
Le 23, de neuf heures du matin à onze heures du soir.	33
Le 24, pendant la nuit et de cinq heures du matin à neuf heures du soir.	9
Côte de Crèvecœur (près de Sainte-Menehould). — Le 21 septembre, de une heure du matin à cinq heures du soir.	11
Le 22, de deux heures à cinq heures et demie du matin.	3
Le 23, de huit heures du matin à minuit. . . . . . }	31
Le 24, de trois heures à cinq heures du matin. . . }	

— de cinq heures du matin à midi, et de trois heures et demie à six heures du soir. . . . . . millim. 10

Vesoul. — Le 22, dans l'après-midi, pluie fine inappréciable au pluviomètre.

Du 22, à cinq heures du soir, au 23, à cinq heures du soir, pluie tombée dans l'après-midi du 23. . . 3

Du 23, à cinq heures du soir, au 24, à cinq heures du soir (pluie continuelle). 5

Toucy (département de l'Yonne), bassin de l'Ouanne, affluent du Loing.

Du 21, probablement le matin, au 22, au matin. . . 11

Du 22 — au 23 — 29

Du 23 — au 24 — 51

Du 24 — au 25 — 10

Vallée du Milleron (canton de Châtillon-sur-Loing, département du Loiret). — Sur les versants du Milleron, affluent du Loing, les pluies torrentielles ont eu lieu le 22 et le 23 septembre et ont duré trente-six heures. (M. Becquerel, *Comptes rendus de l'Acad. des sciences*, séance du 5 nov. 1866.)

Melun. — (École normale.)

Du 21, à neuf heures du matin, au 22, à neuf heures du matin. . . . . millim. 8

Du 22, à neuf heures du matin, au 23, à neuf heures du matin. 41

Du 23, à neuf heures du matin, au 24, à neuf heures du matin. 22

Du 24, à neuf heures du matin, au 25, à neuf heures du matin. 0

Sens. — Le 21 septembre, jusqu'au 22, au matin. 7

Le 22 septembre, jusqu'au 23, au matin. 17

Le 23 septembre, jusqu'au 24, à neuf heures du matin. 58

Le 24 septembre, jusqu'au 25, au matin. 3

Le 26 septembre, jusqu'au 27, au matin. 0

Sain-Martin (près Sens). — Le 23 septembre, à neuf heures du matin, on a recueilli une quantité d'eau, tombée probablement dans la nuit du 22 au 23, égale à. 19

Le 23, de neuf heures du matin, à cinq heures du soir. 30

Du 23, à cinq heures du soir, au 24, à sept heures du matin. 23

	millim.
Le 24, de sept heures du matin, à neuf heures du soir.	2
Auxerre. — (École normale.)	
Du 21, à neuf heures du matin, au 22, à neuf heures du matin.	3
Du 22, à neuf heures du matin, au 23, à neuf heures du matin.	6
Du 23, à neuf heures du matin, au 24, à neuf heures du matin.	67
Du 24, à neuf heures du matin, au 25, à neuf heures du matin.	4
La pluie a fini le 25, à quatre heures du matin.	
Chablis (Yonne). — Le 23 septembre, la pluie a commencé à neuf heures du matin, et jusqu'au 24, à sept heures du matin, elle a donné *au moins* (cuvette du pluviomètre dépassée).	55
Du 24, à sept heures du matin, pluie moins abondante jusqu'au 25, à sept heures du matin. . .	20
Tonnerre. — Le 23 septembre, de neuf heures du matin à six heures du soir.	25
Du 23, au soir, au 24, au soir.	58
Le 25, de minuit au lever du jour.	6
Châtillon-sur-Seine. — La pluie a commencé le 23 septembre, entre six heures du matin et midi ; elle a fini le 25, avant six heures du matin.	
Le 23, de six heures du matin à six heures du soir.	25
Le 23, de six heures du soir, au 24, à six heures du matin.	43
Le 24, de six heures du matin à six heures du soir.	30
Du 24, à six heures du soir, au 25, à six heures du matin.	3
Thenissey (près Verrey, département de la Côte-d'Or). —	
Le 23 septembre, de midi à minuit.	50
Le 24, de minuit à huit heures du matin.	17
Du 24, à huit heures du matin, au 25, à huit heures du matin.	38
Grosbois (département de la Côte-d'Or). — Les 18, 19, 20, 21, 22 septembre, pas de pluie.	
Le 23, en douze heures, il tombe.	23
Le 24, en vingt-quatre heures, il tombe.	80
Les 25, 26, 27, 28, 29 et 30, pas de pluie.	
(Le 24, la grande pluie de 80 millim. est donnée	

par les vents sud, ouest et nord-ouest : on a signalé du tonnerre.)

Pouilly (département de la Côte-d'Or). — Le 23 septembre, de onze heures du matin à deux heures du soir. millim. 9

Du 23, à deux heures du soir, au 24, à deux heures du soir. 75

Le 24, de deux heures du soir jusque dans la nuit. 12

On a signalé du tonnerre (probablement le 24 au soir) ; la grande pluie a eu lieu par un temps calme et sombre, la girouette marquant successivement les directions du sud, de l'ouest et du nord-ouest.

aulieu (département de la Côte-d'Or). — La pluie a commencé le 23 septembre, à six heures du matin, et a fini le 25, à sept heures du matin.

Dijon. — Le 23 septembre, en dix heures (ce qui rend probable que la pluie a commencé au milieu de la journée). 25

Le 24, en dix heures. 30

On a observé, le 24 septembre, du tonnerre et des éclairs.

Avallon (Yonne). — Le 23 septembre, depuis le matin jusqu'à midi. 4

Du 23, à midi, au 24, à midi. 51

Du 24, — au 25, — 8

Vezélay (Yonne). — Le 23 septembre, depuis le matin jusqu'à midi. 21

Du 23, à midi, au 24, à midi. 47

Du 24, — au 25, — 32

Pannetière (Nièvre). — Le 22 septembre, probablement jusqu'au 23, à neuf heures du matin. 9

Le 23, jusqu'au 24, à neuf heures du matin. 51

Le 24, — 25, — 59

Journée du 25. 2

La Colancelle (Nièvre). — Le 23, depuis le matin jusque vers la nuit (?). 59

Du 23, au soir, jusqu'au 24, à sept heures du matin. 28

Du 24, à sept heures du matin, jusqu'au 24, au soir. 18

Du 24, au soir, au 25, à neuf heures du matin (pluie d'orage). 21

Les Settons (Nièvre, près de Château-Chinon). — Du 21, neuf heures du matin, au 23, neuf heures du matin. 10

	millim.
Du 22, neuf heures du matin, au 23, neuf heures du matin.	2
Du 23, neuf heures du matin, au 24, neuf heures du matin.	106
Du 24, neuf heures du matin, au 25, neuf heures du matin.	41
Journée du 25.	2
Châtillon-en-Bazois (Nièvre, au delà de la ligne de partage). — Le 23 septembre, de huit heures du matin à midi (pluie torrentielle).	36
Du 23, à midi, au 24, à dix heures du matin.	55
Nuit du 24 au 25 (pluie torrentielle).	40
Cublize (département du Rhône, bassin de la Loire). — Les 21 et 22 septembre, il n'a pas plu.	
Le 23 septembre, la pluie commence à midi et donne jusqu'au soir du 23.	17
Nuit du 23 au 24 et journée du 24 jusqu'au soir. .	54
Du 24, au soir, au 25, à six heures du matin.	4
Le 25, de six heures du matin à six heures du soir.	4
Les 26, 27, 28 et 29, il n'a pas plu.	
Tarare (bassin du Rhône). — La pluie a commencé le 23 septembre, au matin, et a duré jusqu'au 25, à midi. Son maximum a lieu dans la journée du 24, où, de six heures du matin à six heures du soir, il tombe.	45
Lyon (Fort-Lamothe). — Du 19 septembre, à midi, au 20, à midi.	0
Du 20, à midi, au 21, à midi.	0
Du 21, — au 22, — (pluie pendant deux heures et la nuit). . .	1
Du 22, — au 23 — (pluie pendant deux heures).	1
Du 23, — au 24 —	0
Du 24, — au 25 —	18
Du 25, — au 26 —	1
Depuis le 26 jusqu'à la fin du mois, il n'a plu.	

Saint-Étienne. — La pluie a commencé le 23 septembre, vers midi, puis elle a repris, cette fois sans interruption, vers six ou sept heures du soir; dans la nuit du 23 au 24, elle n'a pas été très-forte, et son maximum a dû avoir lieu dans la matinée du 24; le 25, il n'est presque rien tombé.

				millim.
Le Puy. — Le 23, à midi, on a recueilli. .		5		
Le 24, à dix heures du matin.		45		
— à midi.		7	soit par heure.	3,5
— à cinq heures du soir.		50	—	10
— à sept heures du soir.		20	—	10
— à minuit.		42	—	8
Total.		169		

D'après les documents qui précèdent, on peut admettre que les grandes pluies de septembre ont éprouvé leur maximum d'intensité à peu près de la manière suivante :

1° A Fatouville, le 22 septembre, depuis le matin jusque vers trois heures du soir (il n'a pas plu à partir du 23, à midi).
A Paris, nuit du 22 au 23 (la pluie a presque entièrement cessé à partir du 23 au soir).
A Hirson (près des sources de l'Oise), journée du 23 et jusque dans la nuit.

2° A Sommesous (Marne), journée du 23.
A Sainte-Ménehould, journée du 23 et jusque dans la nuit.

3° Dans le bassin du Loing, journées des 22 et 23.
A Sens, journée du 23 (il n'a sensiblement pas plu le 24).
A Auxerre, journée et soirée du 25.
A Châtillon-sur-Seine, nuit du 23 au 24.
A Pouilly, nuit du 23 au 24.
A Grosbois, journée du 24.
A Dijon, journée du 24.

4° Dans le département de la Nièvre, journée et nuit du 23.
Cublize et Tarare (département du Rhône), journée du 24.
Le Puy, le 24, *de midi à minuit.*

En faisant la part des circonstances locales, il semble donc que dans le bassin de la Seine et ses alentours les pluies qui ont produit les inondations ont eu lieu successivement du N.-O. au S.-E. En d'autres termes, et en ne parlant que d'une manière très-générale, on peut dire que les différents pays situés sur une même perpendiculaire à la direction du N.-O. ont reçu la pluie à peu près en même temps.

Ces données devraient sans doute être prises en considération si l'on voulait essayer de remonter jusqu'à la cause première des inondations de 1866. Elles semblent indiquer que c'est vers la direction du N.-O. qu'il faut rechercher l'origine des grandes pluies de septembre. Si pour le bassin de la Seine la cause de ces pluies résidait dans les régions du S.-E. de la France, il est probable, en effet, qu'elles auraient eu lieu dans la Côte-d'Or et le Morvan avant de se produire à Paris.

Mouvements atmosphériques en corrélation avec les grandes pluies du mois de septembre. — La pluie est en général intimement liée à la direction du vent. Cette corrélation nous semble s'être manifestée d'une manière remarquable dans la période critique du 22 au 25 septembre. On en jugera par le tableau suivant :

Tableau des vents observés d'après la girouette, entre le 20 et le 27 septembre 1866, dans le bassin de la Seine.

DÉSIGNATION. des localités.	SEPTEMBRE 1866. 20	21	22	23	24	25	26	27	OBSERVATIONS.
En dehors et au sud du bassin de la Seine.									
Dijon.	S	S	S	S	NO	S	N	N	Le 24, tonnerre, éclairs.
Lyon (fort Lamotte) (1). .	NE	S	S	SE	SO	SE	NE	NE	Grand vent le 22 et le 23.
Tarare (départ. du Rhône, bassin du Rhône) (1). .	SE	S	S	S	NO	S,	S	SE	Vent très-fort le 22 et le 23.
Cublize (dép. du Rhône, bassin de la Loire) (1).	O	SO	SO	S	S	SO	NO	NO	
Saint-Étienne (2).	»	»	S	S	»	»	»	»	
Châtillon en Bazois (Nièvre).	S	S	SO	S	SE	NO	N	NO	Vent fort les 20, 21, 22, 23; faible les 24, 25, 26, 27.
Bassin de l'Yonne proprement dit.									
Les Settons { le matin. .	O	SO	SO	SE	O	NE	SO	SE	Le 20, vent faible; assez fort les 21 et 22; très-fort le 23 (surtout le matin); faible les 24, 25, 26, 27 septembre.
Les Settons { le soir. . .	O	SO	SO	SO	O	NO	SO	SE	
Château-Chinon.	N	NO	SO	NO	NE	S	NO	SE	Vent faible jusqu'au 22, très-fort le 23, faible ensuite.
La Colancelle (Nièvre). .	S	S	S	S	S	NE	S	S	
Pannetière (Nièvre). . .	O	O	E	O	O	O	O	N	
Clamecy.	»	»	»	SO	»	»	»	»	Temps très-doux le 23.
Vézelay.	SE	SO	S	NO	E	E	NO	S	
Avallon.	SO	SO	NO	NO	O	O	NO	S	
Auxerre.	NO	SO	O	O	O	E	SE	SE	
Bassin de l'Armançon et du Serain.									
Saulieu.	O	O	SO	O	O	NO	N	O	A Pouilly et à Grosbois, grande pluie donnée tour à tour par les vents S, O et NO.
Pouilly.	NO	S	S	NOS	NO	NO	N	SE	
Grosbois.	NO	S	SE		O	NO	NO	NO	
Thenissey (près Verrey).	O	O	S	S	S	N	N	N	Vent faible le 20, fort les 21 et 22, très-fort le 23, modéré le 24, faible les 25, 26 et 27.
Marigny.	O	S	SO	O	O	S	O	S	
Montbard.	O	O	S	O	O	O	O	O	
Tonnerre.	S	S	S	SE	SE	S	S	NO	Le vent du NE a régné les 28, 29 et 30; le 22, vent assez fort.
Chablis.	S	S	S	S	S	E	E	NE	
Bassin de l'Yonne entre Laroche et Montereau.									
Laroche.	SO	SO	SO	SO	SE	NO	SO	SE	
Joigny.	SO	SSO	SSO	SO	SE	SSE	SO	SSO	
Sens.	SO	SO	SO	S	S	E	SO	SO	
Saint-Martin	S	S	S	SSO	S	ENE	SSO	SSO	

(1) Renseignements dus à l'obligeance de MM. Gobin et Fournet.

(2) Ces renseignements sont dus à l'obligeance de M. Gonthier. D'après lui, le vent du sud est devenu violent, à Saint-Étienne, le 22 septembre, vers cinq heures du soir; il a redoublé avec fureur le 23, et surtout dans la nuit du 22 au 23; dans la nuit du 23 au 24 le vent soufflait toujours.

Suite du tableau précédent.

DÉSIGNATION des localités.	SEPTEMBRE 1866.								OBSERVATIONS.
	20	21	22	23	24	25	26	27	
Bassin de la Seine proprement dit.									
Vendeuvre.	E	E	E	E	E	O	O	E	
Barberey (près Troyes).	S	SO	S	E	SE	N	O	NE	
Conflans (près Romilly).	O	SO	SO	SO	S	E	E	O	Le 22, vent moyen ; les autres jours, vent faible.
Courbeton (près Montereau).	SO	SO	SO	SO	SO	NE	NE	NE	Grand vent les 20, 21, 22 et 23 ; vent moyen le 24 ; les autres jours, vent faible.
Melun.	SO	SO	SO	SO	S	NE	»	NE	Grand vent les 21 et 22 ; les autres jours, vent faible.
Bassin de l'Ouane et du Loing.									
Toucy.	S	S	S	S	NE	NE	NE	NE	
Bassin de la Seine à partir de Paris.									
Saint-Maur (près Paris), 8h matin.	O	S	S	S	SO	NE	O	O	Vent ordinaire le 20, fort les 21 et 22, faible ensuite.
Saint-Maur (près Paris), 8h soir.	S	S	N	S	SO	NO	E	NE	Vent ordinaire les 20 et 21, assez fort le 22, ordinaire le 23, faible ensuite.
Aubervilliers (près Paris), 8h matin.	NO	SO	S	SO	O	NO	NO	O	
Id., — 4h soir.	O	O	S	SO	O	NO	NO	S	
Paris (Oservatoire) (*), 7h matin.	SSO	S	SSO	SSO	S	NNE	S	SE	Vent faible le 20, fort le 21, vent violent et tempête le 22 jusqu'à midi, vent modéré le 23, faible ensuite.
Le Havre (*).	»	SO	SO	O	S	ESE	SSO	NE	Vent violent les 21 et 22, modéré le 23, assez fort le 24.
Fécamp (**).	»	NO	SO	SO	»	»	»	»	
Fatouville, 6h matin.	SO	SSO	S	ESE	SE	SE	NO	S	Vent faible le 20, assez fort le 21, fort le 22, faible ensuite.
Fatouville, midi.	SO	O	O	S	SSO	SSE	S	NO	Vent faible le 20, assez fort les 21 et 22, faible ensuite.
Fatouville, 6h soir.	SO	OSO	O	ESE	SO	SSE	S	ESE	Vent faible du 20 au 27.
En dehors et au nord du bassin de la Seine.									
Boulogne (*).	»	OSO	SO	NE	SE	S	SE	S	Vent très-fort les 21 et 22, faible le 23, modéré le 24.
Dunkerque (*).	»	SO	ENE	SE	»	SO	S	SE	Vent assez fort le 21, faible le 22.
Greenwich (Angleterre) (*).	»	»	ENE	»	»	»	»	»	Vent faible le 22.
Bassin de l'Oise et de l'Aisne.									
Pontoise.	SO	SO	SO	SO	SO	E	SO	SE	
Beauvais.	O	O	SO	SO	S	S	S	S	
Venette (près Compiègne)	SE	S	S	S	S	NE	SE	S	
Vauxrot (près Soissons).	O	O	SO	SO	SO	N	SO	NE	
Berry-au-Bac.	O	SO	SO	S	SO	NO	NO	NO	
Hirson.	O	SO	SO	S	S	NE	N	S	

(*) Renseignements empruntés au *Bulletin de l'Observatoire.*

(**) Renseignements dus à l'obligeance de M. Renaud, ingénieur des ponts et chaussées.

Suite du tableau précédent.

DÉSIGNATION des localités.	SEPTEMBRE 1866.								OBSERVATIONS.
	20	21	22	23	24	25	26	27	
					Bassin de la Marne.				
Sommesous	O	O	SO	SO	SO	NE E SO	NO O	SE	
Sainte-Ménehould	SO	O	S	S	S	NO	NO	NO	
Bois des Planches (près Sainte-Ménehould)	SO	O	S	S	S	NO	NO	NO	
Côte de Crèvecœur (*id.*)	SO	O	S	S	S	NO	NO	NO	
Côte de Biesme (*id.*)	SO	SO	SO	SO	SO	SO	SE	SE	
Suippes	SO	S	SE	S	S	O	N	N	Grand vent les 21 et 22.
La Caure	SO	S	S	S	SE	NE	N	SE	Temps orageux le 23
Forêt des Trois-Fontaines	SO	S	S	S	E	E	E	E	Très-grand vent le 20 et le 21, très-calme ensuite.
Montmort	S	S	S	SE	S	N	N	NO	
Vitry-le-François	SO	S	SO	SO	S	NO	S	S	Vent très-fort le 21 et le 22, fort le 23; très-faible ensuite.
Vassy	SO	SO	SO	SO	SO	SO	NO	NE	
Joinville	S	S	S	S	S	SE	E	E	
Chaumont (vallée)	SO	SO	SO	SE	NO	N	O	O	
— (plateau)	SO	SO	SO	SE	NO	N	O	O	
Langres (vallée)	S	NO	SO	SO	SO	SO	O	NO	A Langres, le 22, temps orageux; les 23, 24 et 25, temps couvert.
— (plateau)	S	NO	SSO	SO	SO	SO	O	NO	
					En dehors et à l'est du bassin de la Seine.				
Vesoul	SO	SO	SO	SO	N	N	SO	SO	Ciel serein jusqu'au 21 inclusivement, couvert du 22 au 25.
Fort de Joux (Doubs)	E	E	E	N	NO	NO	NO	S	

Pour un phénomène soumis comme le vent à tant d'influences locales différentes, on ne doit pas attribuer trop d'importance à des faits isolés; on peut, au contraire, ce nous semble, essayer de résumer en quelques faits généraux l'ensemble de nombreuses observations.

Jusque vers le 24 septembre, malgré des efforts répétés, mais généralement isolés, le vent souffle du sud ou du sud-ouest : le 25 septembre au matin, alors que les grandes pluies sont terminées, le vent vient presque partout du nord et dans plusieurs points du bassin de la Seine, cette direction se maintient jusqu'à la fin du mois.

Quant à la période même des pluies torrentielles, elle est

dans la plupart des localités une période de calme presque complet, précédée de vents assez forts : dans quelques autres pays, elle correspond à une succession de vents contraires et est même accompagnée d'orages (à Paris, Soissons, Grosbois, Dijon, Blois, Châtillon-sur-Seine). En étudiant de plus près cette succession de vents contraires, on y retrouverait sans doute l'influence des lois sur les bourrasques si bien formulées par les météorologistes de l'Observatoire impérial. D'après les recherches de ces savants, l'existence d'un mouvement tournant, lors des grandes perturbations atmosphériques, peut amener ce résultat remarquable que la direction du vent soit très-différente de la direction de propagation du phénomène général.

Dans la Haute-Loire, comme dans le bassin de la Seine, on a été frappé de la lutte établie vers le 24 septembre entre deux grands courants atmosphériques opposés venant l'un du sud, l'autre du nord-ouest. « Depuis plusieurs jours, « dit M. de Brives, les vents du sud et du sud-ouest s'étaient « emparés de notre atmosphère et régnaient seuls sur nos « montagnes et dans nos vallées : leur violence s'était ac- « crue progressivement et les vapeurs qu'ils rapportaient « de la Méditerranée traversaient en nuages de plus en plus « épais notre horizon avec une vitesse toujours croissante. »

Le 24, vers les deux heures, commença au Puy la pluie torrentielle qui dura sans intermittence jusqu'à la même heure de la nuit suivante : « La direction des vents avait changé « en même temps, et tandis que le sud régnait toujours à « la surface de notre sol, le nord-ouest avait envahi les « hautes régions et tendait à dominer son inférieur. On a « su plus tard que le 23 au soir, le vent nord-ouest avait « soufflé sur une grande partie de la France, tandis que le « vent sud continuait sur l'autre partie..... N'est-il pas « évident que c'est de la lutte qui s'est faite dans nos mon- « tagnes entre deux courants rapides, entre deux vents « d'une température différente dont l'un a condensé subi-

« tement les vapeurs épaisses amenées par l'autre qu'est « né le déluge du 24 septembre ? Le lendemain, en effet, le « vent nord-ouest triomphait sur toute la ligne et ramenait « le beau temps (*). »

Indépendamment de toute hypothèse, les données que nous avons réunies suffisent pour montrer que les grandes pluies de septembre correspondent à une perturbation atmosphérique très-générale et très-intense. On arriverait au même résultat en considérant les indications du baromètre : nous nous bornerons à cet égard à citer les observations suivantes recueillies près de la mer au phare de Fatouville (Eure) et dans l'intérieur des terres à Saint-Maur près Paris.

Tableau des hauteurs barométriques observées du **19** *au* **26** *septembre* **1866.**

(Les hauteurs observées ont été réduites à la température de 0.)

HEURES d'observations.	SEPTEMBRE 1866.								OBSERVATIONS.
	Le 19	Le 20	Le 21	Le 22	Le 23	Le 24	Le	Le 26	
PHARE DE FATOUVILLE (Eure).— *Altitude* : 122 *mètres*.									
	mm.	mm.	mm.	mm.	mm.	mm.	mm.	mm.	
Trois heures du mat.	752.3	753.8	746.5	737.6	735.6	739.6	751.4	751.1	
Six heures du matin.	51.7	53.4	44.0	33.1	35.2	40.2	51.6	50.9	
Neuf heures du mat.	52.3	53.3	44.8	32.5	35.2	42.5	51.8	50.8	Minimum : 732mm.5 le 22 septembre, à neuf heures du matin.
Midi.	52.2	52.8	44.8	34.8	35.7	44.6	51.3	50.7	
Trois heures du soir.	52.6	51.6	44.7	36.4	36.3	46.2	50.9	50.2	
Six heures du soir. .	52.1	51.3	45.2	36.8	37.3	48.3	51.0	49.8	2e minimum : 735mm.2 le 23 septembre, de six à neuf heures du mat.
Neuf heures du soir.	52.8	49.8	44.6	36.9	38.9	50.3	51.3	49.5	
Minuit.	53.0	48.4	43.1	35.7	39.4	50.4	50.9	49.1	
SAINT-MAUR (près Paris).— *Altitude* : 139 *mètres*.									
Huit heures du mat.	63 7	63.2	55.5	51.4	44.0	52.6	60.2	61.3	Minimum : 744mm.0 le 23 septembre, à huit heures du matin.
Huit heures du soir.	62.3	60.4	54.7	45.9	49.4	52.9	60.7	59.6	

On voit que c'est le 22 septembre, à neuf heures du matin, que la pression atmosphérique a atteint, à Fatouville,

(*) *Étude sur l'inondation du 24 septembre 1866 dans la Haute-Loire*, par M. de Brives, président de la Société d'agriculture du Puy.

le minimum très-remarquable de $732^{mm}.5$; le 23 septembre on a observé, de six à neuf heures du matin, un nouveau minimum moins prononcé de $735^{mm}.2$. A Saint-Maur le minimum, égal à 744 millim., n'a été observé que le 23 à neuf heures du matin. C'est, sans doute, cette dépression barométrique qui déterminait, comme par aspiration, l'appel des deux courants atmosphériques signalés tout à l'heure.

Les observations du baromètre, des vents, des pluies et des hauteurs des cours d'eau s'accordent donc pour montrer la généralité et l'intensité de la perturbation dont le dernier résultat a été les inondations. Cette corrélation intime de tous les phénomènes météorologiques est bien connue, mais elle se manifeste rarement d'une manière aussi nette et aussi remarquable.

Pluies torrentielles en dehors du bassin de la Seine. — Dans ce qui précède, nous avons cherché à étudier spécialement pour le bassin de la Seine la perturbation atmosphérique qui a amené les inondations du mois de septembre 1866. Nous voudrions maintenant faire voir sur quelle immense échelle s'est exercée cette perturbation, l'un des exemples les plus frappants de la grande étendue des phénomènes météorologiques.

Les bienveillantes communications de M. Rayet, astronome à l'Observatoire impérial, et les renseignements empruntés à diverses publications nous ont permis de dresser le tableau ci-dessous. Il résume la hauteur des pluies tombées du 21 au 25 septembre dans divers points de l'Europe, pris comme types. La carte jointe à ce mémoire permet d'embrasser ces données d'un seul coup d'œil (*fig.* 8).

DÉSIGNATION des localités.	OBSERVATIONS journalières exprimées en millimètres. — La pluie est tombée pendant la journée de la date inscrite et pendant la nuit suivante. 20	21	22	23	24	25	26	TOTAL DES PLUIES du 21 au 25 septembre inclusivement.	OBSERVATIONS.
Norwége.									
Christiania (1)	0	0	32	0	33	4	0	69	
Iles Britanniques.									
Valentia (à l'ouest de l'Irlande) (2)	14	6	6		2	1	9	19	A Valentia, Penzance et Londres, on n'a lu que la hauteur de pluie cumulée des 22 et 23 septembre, à cause du dimanche.
Penzance (au S.-O. de l'Angleterre) (2)	7	18	8		0	2	0	28	
Londres (2)	4	11	4		1	0	4	16	
Kew (près de Londres) (1)	4	11	0	2	1	2	3	16	
Aberdeen (Ecosse) (1)	5	0	0	0	0	0	0	0	
Belgique et Hollande.									
Utrecht (1)	0	10	13	14	0	0	0	37	
Bruxelles (1)	1	4	11	19	13	0	0	47	
France (Bretagne).									
Lamballe (Côtes du Nord) (3)	3	17	3	5	0	3	1	28	
Napoléonville (écluse des Récollets) (4)	3	21	5	14	0	3	0	43	
Ecluse de Kéroret (près Napoléonville) (4)	5	44	5	10	0	2	5	61	
Polhuern (près Lorient) (4)	0	16	12	4	0	4	4	34	
France (bassin de la Seine).									
Fatouville (Eure)	4	16	26	2	0	0	0	44	
Paris	0	11	16	8	0	0	0	35	
Dijon	0	0	1	25	30	0	0	56	
Les Settons (Nièvre)	»	10	2	106	41	2	»	161	
France (bassin de la Loire).									
Angers (3)	2	6	30	4	0	0	5	40	
Parthenay (3)	6	8	8	1	0	0	»	17	Le 22, de 9h à 10h 1/2 du soir, éclairs à l'est.
Orléans (3)	15	2	22	40	0	0	»	64	
Roanne (5)	»	»	»	»	»	»	»	136	Ce total s'applique seulement aux 23, 24 et 25 septembre.
Montbrison (5)	»	»	»	»	»	»	»	159	Id.
Clermont-Ferrand (3)	0	0	0	135	45	»	»	180	
Le Puy (3)	»	»	»	50	119	»	»	169	
France (bassin de la Garonne).									
Tulle (3)	4	7	21	42	39	2	0	111	
Montauban (3)	0	0	0	6	75	7	0	88	
Rodez (3)	0	0	5	25	34	15	1	79	Le 23 vers midi, orage.
Espagne et Portugal.									
Lisbonne (1)	0	0	4	8	0	0	0	12	
Madrid (1)	0	0	0	13	2	0	0	15	

Suite du tableau précédent.

DÉSIGNATION des localités.	OBSERVATIONS journalières exprimées en millimètres. — La pluie est tombée pendant la journée de la date inscrite et pendant la nuit suivante.							TOTAL DES PLUIES du 21 au 26 septembre inclusivement.	OBSERVATIONS.
	20	21	22	23	24	25	26		
Italie.									
Alexandrie (Piémont) (1).	0	0	0	0	0	19	15	19	
Rome (1).	0	0	0	0	0	0	6	0	
Naples (1).	0	0	0	0	0	»	»	0	
France méridionale.									
Montpellier (3)	0	0	0	6	3	0	0	9	Quelques éclairs le 24 au matin.—Orage le même jour à 9h du soir.
Nîmes (3).	0	0	0	5	25	0	0	30	
Barcelonnette (3).	0	0	1	0	18	0	7	26	Orage dans la nuit du 24 au 25. — Le 24 orage vers 9h du soir, éclairs et tonnerre au N. et à l'O.
Privas (3).	0	0	7	3	0	30	0	40	
Lyon (obs. de M. Drian) (6).	2	0	0	0	26	0	0	26	
Savoie et Suisse.									
Genève (3).	0	0	0	1	0	10	0	11	Tempête le 23.
Albertville (6)	0	0	0	0	5	16	0	21	
Saint-Bernard (6).	0	0	0	71	113	60	7	244	Tempête le 23 et le 26.
Simplon (7).	»	»	»	20	57	62	68	139	
***France* (bassin de la Saône).**									
Bourg en Bresse (6).	0	1	0	0	10	2	0	13	
Besançon (6).	0	0	0	0	2	0	0	2	
Fort de Joux (6).	0	0	0	0	0	0	0	0	Tempête les 22 et 23.
Vesoul (6).	0	0	0	0	0	0	10	0	
France Orientale.									
Mirecourt (Vosges) (3).	1	1	0	4	3	0	0	8	
Strasbourg (3).	0	1	0	0	0	0	0	1	
Allemagne du Nord.									
Trèves (1).	3	6	3	3	3	0	0	15	
Kiel (1).	3	8	8	0	0	0	0	16	
Leipzig (1).	0	1	5	0	0	0	0	6	
Dresde (1).	0	0	0	0	0	0	0	0	
Breslau (1).	0	0	0	0	0	0	0	0	
Prague (1).	0	0	0	0	0	0	0	0	
Allemagne du Sud et Autriche.									
Munich.	0	0	0	0	0	0	0	0	
Kremmünster (haute Autriche.	0	0	0	0	0	0	0	0	
Brünn (Moravie).	0	0	0	0	0	0	0	0	

Notes des tableaux, pages 294 et 295.

(1) Observations extraites du *Niederlandsch Meteorologisch Jaarboek voor* 1866.

(2) Observations extraites du *Weather Report* du *Meteorological office* de Londres.

(3) Renseignements dus à l'obligeance de M. Rayet, astronome à l'Observatoire de Paris.

(4) Renseignements dus à l'obligeance de M. Jourjon, ingénieur à Napoléonville.

(5) Renseignements dus à l'obligeance de M. Gonthier, ingénieur à Saint-Étienne.

(6) Commission hydrométrique de Lyon : *Résumé des observations de* 1866, par M. Fournet.

(7) *Uber Eiszeit Föhn und Scirocco*, von H. W. Dove. Berlin, Dietrich Reimer 1867.

L'Angleterre et l'Irlande reçoivent du 21 au 22 septembre des quantités de pluie notables, mais ces pluies, suffisantes pour montrer la continuité du phénomène que nous étudions, n'ont rien d'insolite et ne peuvent produire aucun effet désastreux. Du 20 septembre, à sept heures du matin, au 22 septembre, à sept heures du matin, Valentia, placé sur les côtes occidentales de l'Irlande, ne reçoit que 20 millimètres. Londres a 15 millimètres; Penzance, situé vers la pointe du pays de Galles, 25 millimètres.

La Belgique et la Hollande participent déjà aux pluies qui atteignent la France. Les 21, 22, 23, 24 septembre, Bruxelles reçoit en tout 46 millimètres, Utrecht 37 millimètres.

Nous arrivons en France. Sur les côtes de Normandie, et sur celles de Bretagne, les hauteurs de la pluie ne dépassent pas encore beaucoup celles de l'Angleterre. On a vu que Rouen n'avait reçu que 24 millimètres. Saint-Malo a 35 millimètres; Lamballe (près Saint-Brieuc), 27 millimètres.

Dans le bassin de la Seine, à mesure qu'on approche du point de partage, les pluies torrentielles augmentent d'intensité : c'est l'influence bien connue de l'altitude. Il en est de même dans le bassin de de la Loire; au Puy, on reçoit 192 millimètres; à Clermont, 184 millimètres. Tout le massif montagneux du centre de la France est atteint.

Le bassin de la Garonne n'est pas épargné; il reçoit la pluie non-seulement sur les versants du plateau central, mais encore dans les régions qui se rapprochent des Pyrénées; Tulle reçoit 130 millimètres, Rodez 81 millimètres, Montauban 87 millimètres, Foix 62 millimètres.

Jusqu'ici tout témoigne donc d'une continuité, d'une régularité parfaites dans l'ensemble des pluies torrentielles. Mais nous arrivons à cette grande arête qui, courant du N.-N.-E. au S.-S.-O., depuis le versant des Vosges jusqu'aux Pyrénées, délimite du côté de l'ouest les bassins de la Saône et du Rhône. Cette arête naturelle semble avoir arrêté le flot d'air humide; on retrouve encore de fortes pluies un peu au delà, mais dans une zone très-restreinte qui n'a, en quelque sorte, que le contre-coup de ce qui se passe dans les régions précédentes. Carcassonne et Montpellier n'ont que 12 et 9 millimètres de pluie; à Grenoble et dans les environs, on a, le 24 septembre au soir, un ouragan formidable, mais pas de pluie extraordinaire.

Lyon et Bourg ne reçoivent que 21 millimètres et 12 millimètres, Besançon que 3 millimètres, Vesoul que 8 millimètres. Le fort de Joux lui-même, placé à l'altitude de 147 mètres sur les pentes occidentales du Jura, ne reçoit pas la moindre pluie.

L'immunité dont jouit le bassin de la Saône, s'étend à l'Alsace et à l'Allemagne; Strasbourg ne reçoit pas de pluie. On a vu plus haut qu'au delà du Rhin les cours d'eau ne présentent aucune élévation qui fasse soupçonner le moins du monde nos inondations. A Dresde, à Breslau, à Munich, il n'y a pas une seule pluie depuis le 20 septembre jusqu'à la fin du mois.

Nous arrivons à la Suisse, et ici se présente à nous un phénomène des plus curieux. Tant que nous restons entre la chaîne du Jura et les sommités neigeuses des Alpes, l'immunité dont jouit le bassin de la Saône semble se continuer. Du 23 au 30 septembre, Genève ne reçoit que 10 millimètres observés le 25 septembre. Rathausen, Sarnen, Stanz, Glarus, se plaignent de coups de vent violents, mais ne reçoivent aucune pluie. Mais si nous montons sur les hautes Alpes, aux sources du Rhône, sur la chaîne du mont Blanc, la scène change complétement. Nous trouvons des quantités de pluie énormes, et ici ces pluies torrentielles sont accompagnées et *suivies* de très-violents vents du sud. Le Simplon, du 23 au 26 septembre, reçoit 207 millimètres; le Saint-Bernard 243, formidables quantités de pluie, plus fortes encore que celles de la Haute-Loire (*). Albertville, placé dans notre département français de la Savoie, mais à l'altitude de 363 mètres seulement, ne reçoit que 22 millimètres. Ces fortes pluies tombées, comme on le voit, seulement sur les plus hautes montagnes, amènent dans le Valais, dans la Savoie, d'épouvantables inondations; le chemin de fer qui conduit au mont Cenis est coupé. Les versants méridionaux des Alpes eux-mêmes ne sont pas épargnés. Pallanza, Bellinzona, reçoivent de fortes quantités d'eau. Au contraire, tout le reste de l'Italie ne se doute même pas de ce qui se passe dans les Alpes et en France : les 21, 22, 23 et 24 septembre sont des jours sans pluie à Milan, Pavie, Florence, Rome, Naples et Catane.

La pression atmosphérique se maintient relativement haute en Italie, tandis qu'en Suisse le minimum barométrique du mois de septembre a lieu le 23.

Les avalanches de pluie qui ont atteint en Suisse les points les plus élevés de ce pays, ne paraissent pas s'être étendues

(*) Il tombe annuellement au Saint-Bernard 1513 millimètres d'eau. Les 243 millimètres tombés du 23 au 25 septembre représentent donc 17 p. 100 environ de la moyenne annuelle : ainsi la hauteur absolue est plus grande que dans la Haute-Loire, mais l'intensité relative est moindre.

beaucoup à l'est. En Autriche, on se plaint que depuis le milieu de septembre règne une sécheresse inaccoutumée (*). A partir du 26 septembre, on ne trouve aucune trace de pluie à Brünn (Moravie) et à Kremmünster (Haute-Autriche). On peut seulement remarquer qu'à Kremmünster, le 22 septembre, on signale le ciel comme complétement couvert.

En résumé, l'analyse des pluies tombées dans le dernier tiers de septembre sur toute l'Europe occidentale confirme et étend les conclusions qu'on aurait pu tirer déjà de l'examen des observations faites sur les cours d'eau. Les inondations du mois de septembre 1866 ont été le résultat d'une perturbation atmosphérique venant du nord-ouest de l'océan Atlantique. Cette perturbation, formidable par son intensité, mais relativement restreinte dans son étendue, ne s'est pas fait sentir en Allemagne, mais elle a atteint, plus ou moins, toute la partie de la France qui verse ses eaux dans la Manche et dans l'Océan ; elle a épargné presque toute la Suisse, mais elle s'est fait sentir sur les plus hauts sommets des Alpes. En France, le bassin de la Saône, au contraire, n'a pas été atteint : il semble que les masses d'air humide se soient épuisées sur les montagnes qui séparent les bassins de la Seine et de la Loire de ceux de la Saône et du Rhône : elles sont donc passées sur la vallée de la Saône et sur le Jura sans y laisser tomber de pluie.

On le voit, c'est dans les immenses espaces de l'Océan qu'il faut chercher la cause première de nos inondations de septembre 1866. C'est, en effet, l'un des grands progrès de notre météorologie moderne, d'avoir rattaché la plupart des phénomènes du temps à de grandes causes générales.

(*) M. Fritsch. *Überschwemmungen in den Vereinigten Staaten*, dans le numéro du 11 novembre 1866 du *Zeitschrift der Oestreichischen Gesellschaft für Meteorologie*.

Dans le cas qui nous occupe, ce caractère de généralité apparaîtra encore davantage par la connexité que paraît avoir la perturbation d'Europe avec ce qui se passait vers la même époque en Amérique.

Le 22 septembre 1866, entre cinq heures et huit heures du soir, une tempête épouvantable sévissait sur la colonie française de Saint-Pierre-et-Miquelon, près et au sud de Terre-Neuve (*) : un grand nombre de navires étaient brisés : on recueillit plus de 150 cadavres.

Le 22 septembre, à la Martinique, un terrible ouragan détruisait 11 navires, en faisant périr près de 80 marins.

Le 22 septembre, sur l'Atlantique, à la latitude N. 42° 29' et à la longitude O. 27° 40', les vents N.-N.-O. à N. soufflaient violemment. Le 23 septembre régnait une tempête épouvantable (**).

Du 23 au 25 septembre, une tempête S.-E. occasionnait beaucoup de sinistres à Buenos-Ayres.

Les tempêtes de l'Atlantique avaient été précédées dans les États-Unis d'inondations considérables. Le 17 septembre dans la Louisiane et dans divers états du Nord-Ouest, elles avaient été amenées par un ouragan et par des pluies qui se continuaient encore le 20 septembre. L'inondation du Grand-Miami avait anéanti 20 millions de plants de maïs (***).

Les tempêtes de Terre-Neuve et de l'océan Atlantique montrent sur quelle immense étendue notre atmosphère terrestre était bouleversée dans la deuxième moitié de septembre 1866. Elles semblent reporter bien loin le point où

(*) *Annales du sauvetage maritime*, numéro de décembre 1866. — *Annuaire de la Société de météorologie*, juin 1867.

(**) Commission hydrométrique et des orages de Lyon, résumé de 1866, par M. Fournet.

(***) Commission hydrométrique de Lyon, résumé de 1866, par M. Fournet.

Zeistschrift der Oestreichischen Gesellschaft für meteorologie, 11 novembre 1866.

il faut aller chercher la cause de nos grandes inondations françaises. Cette cause réside dans les déplacements et les mouvements de ce grand courant aérien qu'on désigne sous le nom de courant équatorial, et qui ramène vers le pôle les masses d'air aspirées continuellement vers les régions supérieures de l'atmosphère par l'échauffement des contrées équatoriales. Quelles sont les causes premières qui, à certaines époques, vers les équinoxes surtout, dévient brusquement ce courant équatorial de la direction qu'il suivait? Comment ces brusques déviations produisent-elles chez nous, dans certaines circonstances, d'épouvantables inondations, tandisque dans d'autres tout se borne à des ouragans, à des bourrasques? Ce sont là des questions que la science étudie, mais qu'il serait pour elle prématuré de vouloir résoudre. L'étude sur une large étendue des grandes perturbations correspondant à nos inondations est, ce nous semble, l'un des éléments essentiels de ces recherches.

On peut espérer que de plus nombreux documents amèneront un jour la solution plus complète de ces grandes questions. Les données numériques que les ingénieurs des ponts et chaussées sont à même de recueillir peuvent être l'un des éléments les plus utiles de pareilles études.

§ III. — Résumé et conclusions.

A partir du 21 septembre 1866, une même perturbation atmosphérique s'est manifestée dans toute l'étendue du bassin de la Seine; nous avons cherché à en réunir ici les divers éléments numériques, et à retrouver ainsi de proche en proche tous les effets de la cause inconnue de ce phénomène si général. Nous avons donc dû étudier, non-seulement son action sur les cours d'eau, mais encore l'intensité des pluies auxquelles elle a donné naissance.

Résultats généraux de cette étude. — I. A Paris, la crue

de la Seine n'a pas eu le caractère d'un débordement extraordinaire, mais seulement d'une grande crue ordinaire, elle n'en est pas moins extrêmement remarquable, à cause de la saison où elle a eu lieu et de l'énorme élévation des eaux produite par une seule montée. Sous ces deux rapports, on peut dire que, même au point de vue de la partie inférieure du bassin de la Seine, la crue de septembre 1866 est un phénomène inouï qu'on ne reverra peut-être pas d'ici à plusieurs siècles.

Dans la partie supérieure du bassin, pour l'Yonne, l'Armançon et la haute Seine, les crues de septembre ont atteint des hauteurs tout à fait extraordinaires; elles ont égalé ou même surpassé toutes les crues connues. Le bassin de la Marne a moins souffert; il n'a ressenti en quelque sorte que le contre-coup de ce qui se passait dans celui de l'Yonne: au lieu de crues extraordinaires, les cours d'eau n'y ont eu que des crues moyennes.

En allant plus loin à l'est on ne trouve plus rien qui rappelle nos inondations : les fleuves allemands sont restés stationnaires. En France, au contraire, les bassins de la Seine, de la Loire et de la Garonne éprouvaient tous trois des inondations extraordinaires et corrélatives.

Les caractères distinctifs des cours d'eau à versants perméables ou imperméables se retrouvent avec la plus grande netteté dans l'étude du développement et de la propagation des crues du mois de septembre 1866 : le bassin de la Seine, si complexe dans sa constitution, est éminemment propre à manifester cette distinction.

Dans les terrains perméables du département de la Côte-d'Or, les crues des cours d'eau ont été produites par des sources éphémères qui ont été observées sur place et décrites en détail par l'un de nous. Ces sources éphémères sont dues à la présence d'une couche demi-perméable qui, dans les grandes pluies, ne se laisse plus traverser; elles ont un rôle prépondérant dans les inondations des terrains oolithiques; en allongeant les crues de la Seine, elles exercent une influence considérable sur le régime de la partie inférieure de ce fleuve.

Partout et toujours, les eaux des terrains imperméables se sont écoulées avant celles des terrains perméables; ce fait, fondamental dans toutes les questions d'inondations, trouve une confirmation remarquable dans la composition chimique des eaux de la Seine, à Paris, aux différentes époques de la crue; dès que les eaux s'élèvent, la proportion de sels calcaires éprouve une diminution considérable par suite de l'arrivée des eaux torrentielles et surtout des eaux des terrains granitiques; à la fin de la crue, cette proportion augmente, parce que les eaux des terrains perméables arrivent, et avec elles les produits de la dissolution de formations calcaires lavées dans toute leur épaisseur.

II. Les crues ont été le résultat de pluies torrentielles tombées sans discontinuité pendant trente-six heures environ. Ce phénomène a produit tout son effet parce qu'il avait été précédé d'une série très-remarquable de pluies préparatoires qui avaient saturé le sol d'humidité.

Les pluies auxquelles on doit attribuer immédiatement les crues se sont fait sentir d'une manière générale dans toute l'étendue du bassin de la Seine. Dans leur distribution, on retrouve d'une manière remarquable la plupart des relations auxquelles conduit l'étude des moyennes annuelles, par exemple l'influence prépondérante de l'altitude et les inégalités constantes entre diverses localités très-rapprochées. Partant de cette étude, et malgré la complication du phénomène de la pluie, nous avons pu démontrer que le bassin de l'Yonne, et surtout les bassins de l'Armançon, du Serein et de la haute Seine, sont les régions auxquelles la pluie semble s'être tout particulièrement attaquée; c'est là, en effet, que les inondations ont été le plus considérables.

Les pluies torrentielles qui ont produit les crues ont constitué un phénomène non-seulement général, mais progressif. Elles se sont manifestées dans la partie inférieure du bassin de la Seine avant de se produire dans la partie supérieure. Leur plus grande intensité avait lieu sur les bords de la mer dès le 22 septembre; elles sévissaient le 22 et le 23 dans le bassin du Loing; le 23 et le 24, dans les bassins de l'Yonne et de l'Armançon; au Puy, c'est le 24, à partir de midi, qu'elles prenaient un caractère tout à fait extraordinaire et qu'elles amenaient le débordement de la Loire.

L'étude des pluies est intimement liée à celle des vents. Dans toute l'étendue du bassin de la Seine, avant le commencement des pluies torrentielles, les vents viennent du S. ou du S.-O; dès qu'elles sont terminées, le 25 au matin, presque toutes les stations reçoivent le vent de N.-O. La période même de la pluie torrentielle est dans chaque localité une période de calme, quelquefois aussi de succession de vents contraires; elle est *précédée* de vents assez forts, souvent même violents.

Les observations du baromètre, de même que celles des vents, montrent combien a été générale et intense la perturbation atmosphérique du mois de septembre 1866.

Ce caractère de généralité se reconnaît de plus en plus lorsqu'on cherche à coordonner quelques documents pris sur une plus grande étendue. La période du 21 au 25 septembre paraît être une période de perturbation pour la plus grande partie de l'Océan Atlantique; en France, toutes les régions qui versent leurs eaux dans l'Océan ou dans la Manche sont atteintes par la poussée du courant équatorial et reçoivent d'énormes pluies. Les pays situés plus à l'est ne sont pas atteints: la Suisse éprouve de violentes tempêtes dues à des vents du sud, mais ces vents ne précipitent des eaux que sur les sommités des Alpes.

III. L'étude des grandes crues de 1866 confirme la différence essentielle plusieurs fois signalée entre le régime des eaux de la partie inférieure et de la partie supérieure du bassin de la Seine. A Paris, par exemple, il faut, pour produire des débordements véritablement extraordinaires, une série de phénomènes météorologiques amenant sur les affluents des crues successives qui s'ajoutent en aval. La partie supérieure, au contraire, est inondée exclusivement, du moins dans les terrains imperméables, par l'effet de phénomènes météorologiques uniques, mais très-intenses.

A ce point de vue, les crues de septembre 1866 peuvent en quelque sorte servir de mesure aux submersions auxquelles est exposée la partie supérieure du bassin de la Seine; les cours d'eau ont, en effet, atteint dans tout le bassin de l'Yonne et de la haute Seine leurs plus grandes hauteurs connues.

Dans les régions les plus atteintes, les résultats des inondations ont été assurément moindres que dans la vallée de la Loire; néanmoins, les pertes ont été considérables, et elles l'auraient été encore bien davantage, par suite de la destruction des récoltes, si le phénomène s'était produit comme d'ordinaire à la fin du printemps. On est ainsi conduit à se demander s'il n'y a pas quelques mesures à prendre, quelque remède à apporter à ces maux trop fréquents.

Progrès à réaliser dans l'aménagement des eaux pluviales. — Depuis longtemps déjà on a signalé, d'une manière générale, l'utilité contre les inondations, de vastes réservoirs établis dans les parties supérieures des principaux affluents d'un grand bassin. Cette idée a été développée par l'un de nous comme pouvant s'appliquer utilement dans les bassins de l'Yonne, de la Cure, du Serain et de l'Armançon, à l'amélioration des terrains imperméables et surtout des terrains granitiques (*). Nous croyons devoir,

(*) *Annales des ponts et chaussées*, 1846, 2e semestre, p. 155, 156, 157, 180. — 1852, 1er semestre, p. 67, 68, 196.

en terminant cette étude, appeler de nouveau l'attention sur cette question.

Quelques exemples particuliers peuvent faire juger des immenses avantages qu'un pays peut retirer de l'aménagement des eaux pluviales.

Dans l'Allemagne du Nord, le Harz, cette terre classique de la métallurgie, possède un système d'aménagement et de distribution des eaux qui doit faire l'envie des pays les plus favorisés de l'Europe. Malgré l'énorme force motrice qu'exigent dans le Harz l'exploitation des mines, le traitement des minerais et les industries de toute espèce, on y chercherait en vain une seule machine à vapeur : l'eau seule met tout en mouvement : des canaux, des conduites vont la chercher dans les réservoirs où elle est accumulée et la distribuent partout comme le sang nécessaire à la vie. On conçoit quelle immense économie résulte de l'emploi de cette force gratuite sans cesse renouvelée par la nature. Quelques détails pourront appeler particulièrement l'attention sur cet exemple si remarquable de l'utilisation des eaux (*).

Le Ober-Harz (districts de Clausthal et de Zellerfeld, non compris celui d'Andreasberg) possède soixante-dix étangs

---

(*) Les quelques renseignements qui suivent sont épars dans les ouvrages suivants qui ont précisé pour nous le souvenir des lieux.

Héron de Villefosse. *Richesse minérale*, t. III, chap. I et II.

M. Von Groddeck, *Uebersicht über die technischen Verhältnisse der Blei-und Silber-Bergbaues auf dem Nordwestlichen Ober-Harz*, dans le *Journal de Carnall*, intitulé *Zeitschrift für das Berg-Hütten-und Salinen-Wesen* (t. XIV).

Der Ernst-August-Stollen am Harz: Festschrift, Clausthal, 1864.

M. Schoof. *Beiträge zur Klimatologie des Harzes*, Clausthal, 1865.

M. Prediger. *Carte géologique du Harz.*

M. Buret. *Le Harz*, article publié dans la *Revue de l'Exposition universelle de* 1867, de M. de Cuyper.

Enfin la carte inédite envoyée à l'Exposition universelle de 1867 par l'administration des mines de Clausthal, pour montrer le système d'aménagement des eaux du Harz.

artificiels où s'accumule la totalité de la pluie qui tombe sur les plateaux élevés de ce pays; en outre, on prend ces eaux jusque sur les flancs des hautes montagnes du Bruchberg et du Brocken; un canal spécial les amène de là sur le plateau de Clausthal en franchissant un col au moyen d'un remblai très-élevé (Sperberhayer Damm) établi dès l'année 1734.

La superficie totale des soixante-dix étangs du Harz est de 240 hectares; le volume total des eaux qui s'y trouvent emmagasinées est de 15 millions de mètres cubes. Grâce aux chutes dont on dispose, cette quantité d'eau suffit pour mettre en mouvement

Au-dessous du sol :

2 machines à colonnes d'eau;
23 roues hydrauliques,

Au-dessus du sol :

48	roues hydrauliques	pour l'exploitation des mines,
55	—	pour la préparation mécanique des minerais,
14	—	pour les usines de plomb argentifère,
63	—	pour les usines de fer, les forges, les moulins à farine, etc.

Il y a en tout 200 kilomètres de longueur de canaux, tant pour amener les eaux aux étangs que pour les conduire de ceux-ci aux mines et aux usines.

Depuis l'étang le plus élevé (Hirschler Teich) jusqu'à Lautenthal, il y a, pour les roues placées au-dessus du sol, une chute totale de 292 mètres.

Pour les mines, la chute disponible est encore plus considérable : elle est d'environ 370 mètres. En effet, les eaux qui ont sous terre communiqué le mouvement aux pompes d'épuisement et aux autres machines, se réunissent dans diverses galeries et principalement dans le Ernst-August-

Stollen, situé à environ 370 mètres au-dessous des plateaux de Clausthal. Ce canal, où l'on réunit toutes les eaux des nappes souterraines, va les rejeter à ciel ouvert à Gittelde; il n'a pas moins de 23 600 mètres de longueur. Ses dimensions sont assez grandes pour qu'on puisse faire en bateau ce long trajet souterrain. Sa largeur est en effet de $1^m.90$ et sa hauteur de $2^m.70$. Ce magnifique travail, terminé en 1864, a coûté un peu plus de 3 millions de francs.

D'après les observations pluviométriques faites en différents points du Harz, la situation de ce pays, bien qu'avantageuse à cause de l'intensité des pluies due à l'altitude, n'a rien qu'on ne retrouve dans bien des parties de la France. On constate en effet en moyenne par an :

A Clausthal (altitude 567 mètres), $1^m.491$ de pluie (moyenne 1845-1864);

Sur le point le plus élevé de tout le Harz, le Brocken (altitude 1141 mètres), $1^m.25$ et quelquefois $1^m.40$;

Sur les pentes occidentales des plateaux du Harz, à Osterrode (altitude 213 mètres), $0^m.58$ (moyenne 1858-1863).

Peu de pays possèdent pour l'utilisation des eaux un système aussi merveilleusement organisé que celui que des efforts continus ont développé dans le Harz depuis plus de trois cents ans. En France en particulier, on ne peut citer dans ce sens que des exemples assez rares et généralement isolés. Le réservoir du Furens, près de Saint-Étienne, est l'un des ouvrages de ce genre qui honorent le plus le corps des ponts et chaussées; en même temps qu'il préserve une ville importante des désastres des crues, il assure à son alimentation et à son industrie de précieuses ressources.

Dans les vallées torrentielles du bassin de la Seine, les pertes qu'amènent les inondations suffiraient peut-être difficilement, à cause de la rareté des crues extraordinaires, à motiver les dépenses de construction de réservoirs spéciaux; mais l'établissement de ces ouvrages dans la partie supérieure des vallées granitiques ne se justifie pas seulement par l'utilité de prévenir les maux résultant des inondations. On peut, il est vrai, concevoir comme complétement distincts les réservoirs propres à emmagasiner les crues et ceux qui sont destinés à réserver les eaux pour les besoins de la navigation, de l'agriculture et de l'industrie. Mais on peut également combiner dans le même ouvrage les dispositions propres à réaliser ces deux avantages. Ainsi conçus, les réservoirs, en atténuant les crues, auraient en même temps, à de tout autres points de vue, une utilité incontestée et permanente; l'amélioration de la navigation, le progrès des usines, le développement des irrigations, ont un intérêt énorme à ce que le régime des cours d'eau soit régularisé. On ne doit pas perdre de vue que ce transport incessant de l'eau liquide, depuis les montagnes jusqu'à la mer, constitue un réservoir de force immense et gratuit dont on a trop peu usé jusqu'ici, et que le développement de l'emploi de la vapeur a fait peut-être trop négliger.

Il appartient sans doute à un gouvernement prévoyant de diriger dans ce sens les efforts du pays et d'accroître l'utilisation des forces motrices naturelles en régularisant le débit des cours d'eau. L'établissement du grand réservoir des Settons est un premier pas dans cette voie; qu'il nous soit permis d'espérer que les résultats de cette amélioration si importante appelleront dans les parties granitiques du bassin de la Seine l'exécution d'autres travaux du même genre.

NOTE ADDITIONNELLE.

Notre travail était déjà livré à l'impression lorsque nous avons eu connaissance d'un mémoire très-important publié seulement en 1868 par M. Dufour, le savant physicien de

Lausanne. Ce mémoire a pour titre : *Recherches sur le fœhn du 23 septembre 1866 en Suisse;* il est inséré dans le *Bulletin de la Société vaudoise des sciences naturelles*, vol. IX, n° 58.

Le travail de M. Dufour confirme et complète d'une manière très-intéressante, en ce qui concerne la Suisse, les documents que nous avions pu nous procurer. Nous regrettons de ne pouvoir donner ici qu'un résumé très-succinct des observations réunies et discutées par M. Dufour.

1° *Pression atmosphérique.* — La chaîne des Alpes paraît avoir constitué, dans la distribution de la pression atmosphérique, du 20 au 25 septembre 1866, une sorte de limite séparant deux régions fort différentes. Au sud règne une pression à peu stationnaire, en Italie du moins ; au nord se produit une forte oscillation donnant lieu en Suisse à un minimum très-prononcé dans la journée du 23 septembre. Cette dépression, observée en Suisse, est tout à fait semblable à celle qui se faisait sentir, à peu près en même temps, à l'ouest et au nord-ouest de l'Europe. La ligne de plus grande pente, si l'on peut s'exprimer ainsi, des courbes d'égale pression, était dirigée du sud-est au nord-ouest, et c'est immédiatement près du versant septentrional des Alpes que le décroissement était le plus rapide.

2° *Mouvement de l'air.*—Le 22, le 23 et même le 24 septembre ont été dans les différents points de la Suisse des jours de violente tempête, produite par des vents du sud. Ce sont les tempêtes de ce genre que l'on désigne en Suisse sous le nom de *fœhn.*

Le fœhn ne s'est pas fait sentir en premier lieu dans les localités les plus rapprochées des Alpes, ni même sur toutes les sommités alpines. Au contraire, dès la nuit du 21 au 22, les sommets du Jura recevaient un avant-coureur de la tempête.

Au sud des Alpes, la situation atmosphérique a été tout autre; du 20 au 25, les localités même les plus rapprochées de la ligne de partage sont demeurées dans un calme qui ne pouvait pas faire soupçonner l'agitation excessive qui régnait à quelques kilomètres de distance; Aoste, Cormayeur, Châtillon, Faido, Trento, ont conservé une atmosphère presque calme pendant que le fœhn se déchaînait à Martigny, Zermatt, Reckingen, Altorf.

3° *Température.* — Les diverses hypothèses que l'on a faites sur l'origine du fœhn rendaient très-importantes, au point de vue théorique, l'étude des températures observées pendant cette tempête. M. Dufour montre que pendant deux ou trois jours ce phénomène a entretenu l'énorme élévation de température de 6 à 8 degrés dans la plus grande partie de la Suisse. Dans certaines stations, à Glaris et à Bex, par exemple, la journée du 24 septembre a été la plus chaude de l'année. Rien de pareil ne se remarque en Italie, même dans les points les plus voisins des Alpes.

4° *Pluie.*—La Suisse a présenté, du 20 au 26 septembre, des conditions tout opposées de sécheresse et d'humidité. Dans la plupart des vallées et sur le plateau suisse, le fœhn est accompagné d'une sécheresse des plus marquées; au contraire, sur la grande chaîne des Alpes, depuis le mont Blanc jusqu'aux Grisons, on a observé le 23, le 24 et le 25, des pluies torrentielles. L'un des exemples les plus remarquables de ces différences est celui que présente la vallée où se trouve le chemin du grand Saint-Bernard. A l'hospice, le 23 septembre, il tombait des torrents d'eau. A Saint-Pierre, à 9 kilomètres de la haute chaîne, la pluie était déjà beaucoup moins abondante; plus bas encore, à Liddes et à Orsières, elle était nulle, et le débordement des cours d'eau pouvait paraître inexplicable.

En Italie, les stations situées immédiatement au sud des Alpes (Aoste, Cormayeur, Pallanza), ont reçu des pluies abondantes le 24, le 25 et même dès le 23 septembre au midi, il ne tombe pas d'eau du 18 au 25, mais la pluie est générale sur toute l'Italie.

5° *Observations d'Alger.* — M. Dufour fait remarqu curieuses coïncidences qu'ont présentées les observ météorologiques de Suisse et d'Algérie. Contrairemen qui a eu lieu en Italie, un minimum barométrique marqué s'est produit à Alger, le 23 septembre, à heures. Le 21 et le 22 septembre, la température un accroissement considérable, accompagné d'une s resse notable. Enfin dans la soirée du 21, dans to journée du 22 et dans la matinée du 23, les vents ve du sud et avaient très-probablement leur origine d désert.

M. Dufour, en terminant, cherche à expliquer l'ens de ces différentes observations en supposant qu'un d'air ait été provoqué sur une grande échelle par la d sion barométrique qui avait lieu au nord-ouest de l'Eu Dans cette hypothèse, le courant supérieur qui se po déviant vers l'est, du Sahara vers l'Asie centrale, aur momentanément attiré vers l'ouest et serait devenu co inférieur au nord de la grande chaîne des Alpes. L'élé de température signalée en Suisse serait due alors compression de cet air, descendant des sommets des jusque dans les vallées, et forcé ainsi d'y prendre quement une plus grande densité.

Extrait des *Annales des ponts et chaussées*, tome XVI, 1868.

Paris. — Imprimerie de Cusset et Cᵉ, 26, rue Racine.

www.ingramcontent.com/pod-product-compliance
Ingram Content Group UK Ltd.
Pitfield, Milton Keynes, MK11 3LW, UK
UKHW021007200726
13857UKWH00004B/1326